PLEIN POT BAC

BAC SMS

Biologie
Physiopathologie
Terminologie

S. Gosselet - H. Lhuissier-Morisot - J. Tatossian

FOUCHER

ISBN 2-216-08308-4

Avant-propos

Cet ouvrage est destiné aux élèves préparant le baccalauréat Sciences médico-sociales; il offre une série d'exercices d'entraînement à l'épreuve de biologie, de physiopathologie et de terminologie médicale (épreuve de 4 heures, coefficient 8).

Cet ouvrage peut être utilisé :
- au cours de l'année en complément des leçons;
- au moment des révisions pour mémoriser rapidement les notions essentielles.

Un **sommaire** permet de choisir aisément le thème étudié.

Les thèmes, imposés par les référentiels de biologie, de physiopathologie et de terminologie médicale, sont regroupés dans huit chapitres de façon à favoriser :
- l'utilisation logique des connaissances acquises;
- le lien entre ces enseignements;
- l'esprit d'analyse et de déduction.

Chaque chapitre permet :
- une révision de l'anatomie, de la physiologie, de la terminologie scientifique et médicale;
- une approche « guidée » des différents points des programmes de biologie et de physiopathologie afin d'en assurer une bonne compréhension.

Chaque chapitre comporte :
- des exercices variés : questions à réponse courte, analyse de documents…
- des conseils facilitant l'élaboration des réponses et l'acquisition de méthodes de travail et de réflexion.

Les chapitres comportant le corrigé détaillé des exercices sont situés en fin de livre, après les chapitres d'énoncés.

Les exercices sont indépendants et peuvent être réalisés dans l'ordre souhaité; cependant, la progression proposée vise à faciliter la compréhension des processus étudiés et l'acquisition des connaissances.

Dans l'énoncé des exercices du premier chapitre, les mots désignant **les tâches à accomplir** sont en **caractères gras**; ceci **facilite la lecture** du sujet, surtout s'il est long et **évite les oublis** lorsqu'il comporte plusieurs questions. Entraînez-vous à appliquer cette méthode aux exercices des autres chapitres à l'aide d'un surligneur.

Apprenez ou révisez les thèmes abordés avant d'effectuer les différents exercices. La plupart des questions peuvent être résolues en réfléchissant, grâce au bon sens et à la logique. En cas de difficultés, ne perdez pas de temps, reportez-vous aux corrigés.

Bon travail et bon courage!

Sommaire

1 Milieu intérieur - Examens biologiques

Exercices

RAPPELS

1. **Définir** chacune des racines suivantes : érythro, leuco, cyano, polio, mélano, xantho, puis **utiliser** chacune d'elles dans un terme qui sera **défini.**

2. **Citer** les racines correspondant aux organes suivants : moelle osseuse (rouge), ganglion lymphatique, rate, puis **utiliser** chacune d'elles dans un terme qui sera **défini. Indiquer** le point commun entre ces différents organes.

BIOLOGIE

1.1. Le document ci-après représente une coupe de tissu conjonctif observée au microscope optique.

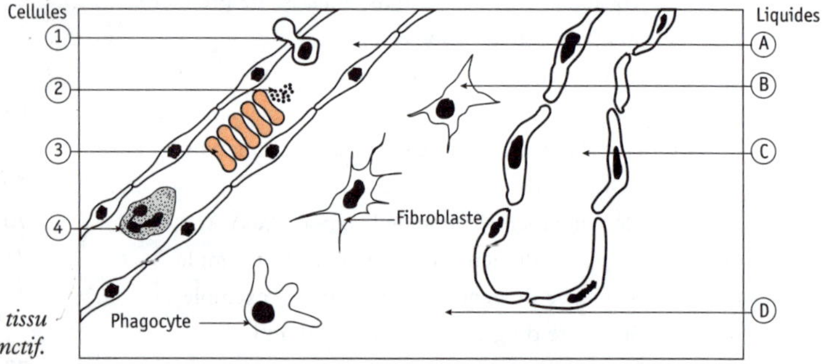

Coupe de tissu conjonctif.

Compléter les légendes repérées par les lettres A à D.
Définir le milieu intérieur et **préciser** son rôle fondamental dans l'organisme ; **indiquer**, parmi les liquides légendés, ceux qui font partie du milieu intérieur.

Sur un schéma les détails sont accentués afin de faciliter l'identification. Repérer ce qui limite les liquides à nommer ainsi que les éventuels éléments qu'ils contiennent. S'interroger : à l'intérieur de quoi (cellule, vaisseau, organe) se trouve le milieu étudié ?

1.2. **Compléter** les légendes de 1 à 4 (il peut exister plusieurs noms pour une même légende) ; **expliquer** brièvement ce qui permet d'identifier chaque élément cellulaire puis **choisir** la taille qui lui correspond parmi les valeurs suivantes :
20-40 µm, 2-4 nm, 2-4 µm, 7-8 mm, 7-8 µm, 7-8 nm, 10-15 µm, 10-15 mm, 7-25 nm, 7-25 µm.

Observer l'aspect schématique des éléments cellulaires ou de leur comportement. Noter les détails caractéristiques de chacun d'eux ; utiliser les racines et suffixes appropriés. Se rappeler le moyen d'observation utilisé et éliminer les valeurs extravagantes ; s'aider du schéma et des connaissances pour retrouver la taille approximative des cellules.

1.3. L'étude des maladies hématologiques passe par la connaissance de l'origine des différentes lignées de cellules sanguines et donc des cellules souches.

Justifier le choix du terme « cellule souche » puis **préciser** la localisation de ces cellules dans l'organisme et **nommer** le phénomène qui conduit à la formation des différentes catégories de cellules sanguines.

Lire attentivement l'énoncé qui donne la base de la justification, puis développer la réponse.

2. On pratique une analyse de sang chez un sujet adulte se plaignant d'asthénie et présentant, lors d'un exercice modéré, une tachycardie importante. Au vu des résultats présentés dans le tableau ci-dessous, le médecin établit le diagnostic d'anémie.

ÉLÉMENTS ANALYSÉS	SUJET MALADE	SUJET NORMAL
Globules rouges (par litre de sang)	4,3 10^{12}	4,2 10^{12} à 5,5 10^{12}
Globules blancs (par litre de sang)	8 10^{9}	4 10^{9} à 10 10^{9}
Plaquettes (par litre de sang)	300 10^{9}	150 10^{9} à 400 10^{9}
Volume globulaire moyen des hématies ou VGM (μm^3 ou fL)	55	83 à 98
Hémoglobine (g/L de sang) (mmol. L^{-1} de sang)	56 3,5	120 à 170 8,0 à 11,0
Fer plasmatique (μg/100 mL de sang) (μmol. L^{-1} de sang)	41 7,3	70 à 140 13 à 25

2.1. **Expliquer**, à partir de ces résultats, l'emploi du terme « anémie » pour qualifier la pathologie présentée par ce malade.

Repérer les résultats normaux et ceux qui ne le sont pas, puis établir le lien entre ces derniers et le terme à expliquer.

2.2. **Préciser** la localisation de la molécule d'hémoglobine et **présenter** (éventuellement à l'aide d'un schéma) sa structure. **Déduire** de cette réponse et des résultats de l'analyse de sang l'origine probable de l'anémie.

Répondre sous forme soit d'un texte organisé, soit d'un schéma clair et légendé avec précision (l'emploi éventuel de couleurs doit être justifié). Repérer les lignes du tableau en lien avec la structure décrite et en déduire l'origine de la pathologie.

2.3. **Préciser** le rôle essentiel de l'hémoglobine et **donner** la réaction chimique liée à ce rôle. En **déduire** le lien entre le résultat des analyses et les signes cliniques présentés par le malade.

« Préciser » implique de détailler la réponse : où, comment et pourquoi intervient l'hémoglobine ? Donner le nom des molécules citées dans la réaction chimique. Retrouver dans l'énoncé du 2. les signes cliniques de la maladie, les définir et faire preuve de bon sens.

3. Du sang fraîchement prélevé est placé dans deux tubes A et B ; le tube A contient du citrate de sodium, le tube B ne contient aucun additif. Laissé 24 heures à la température ambiante, le contenu des tubes prend l'aspect présenté sur le schéma ci-après.

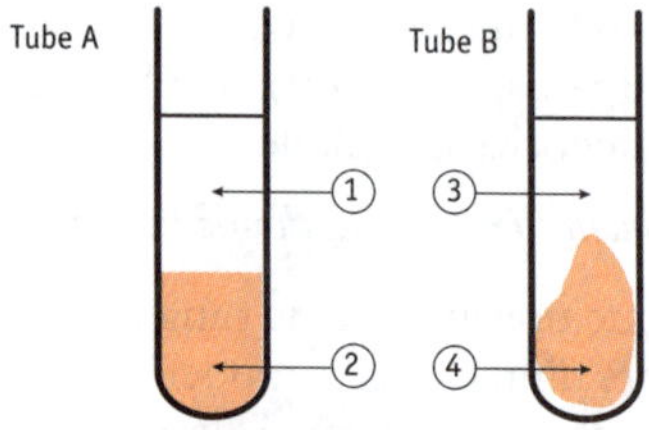

Aspect du sang prélevé après 24 heures à la température ambiante.

3.1. **Nommer** les fractions 1, 2, 3 et 4 puis **désigner** les phénomènes observés dans les tubes A et B. En **déduire** le rôle du citrate de sodium.

Faire preuve de bon sens.

3.2. Afin d'étudier le phénomène observé dans le tube B, on réalise une série de quatre expériences dont les résultats sont consignés dans le tableau suivant (le signe + signifie que le phénomène apparaît, le signe – signifie qu'il n'apparaît pas) :

TUBE	CONTENU DU TUBE	PHÉNOMÈNE ÉTUDIÉ + OU –
1	Plasma citraté + culot globulaire (= tube A) + Ca^{2+} en excès	+
2	Plasma citraté + Ca^{2+} en excès	+
3	Culot globulaire + Ca^{2+} en excès	–
4	Culot globulaire + sérum + Ca^{2+} en excès	–

En comparant les conditions d'expériences et les résultats obtenus, **déduire** les facteurs nécessaires à l'apparition du phénomène observé dans le tube B et le mode d'action du citrate de sodium ; **expliquer** la différence entre plasma et sérum.

Citer le phénomène observé (cf. 3.1.). Construire la réflexion et la réponse à l'aide d'un tableau à deux colonnes : Observations (conditions de l'expérience et résultat explicité) - Déductions. Rassembler les éléments déduits dans une phrase de conclusion.
Ensuite, s'interroger : que manque-t-il au sérum, par rapport au plasma, pour que le phénomène apparaisse ? Comment expliquer ce déficit ?

3.3. **Définir** le terme « hémostase », puis **citer** les principales étapes de ce processus physiologique **en indiquant** la place du phénomène observé dans le tube B.

Question de cours. Pour l'étude d'un processus, respecter l'ordre logique de son déroulement.

4. Les protéines sériques peuvent être séparées par différentes méthodes dont l'électrophorèse : leur migration dans un champ électrique dépend notamment de leur charge électrique et de leur masse molaire. À pH 8,6 (choisi pour cette technique), elles sont chargées négativement. Après séparation, le dosage de chaque fraction permet d'établir un électrophorégramme.

4.1. On effectue deux prélèvements de sérum sur un sujet : le premier, 24 heures avant un rappel de vaccination antitétanique, le second 10 jours après ce rappel. **Comparer** les électrophorégrammes obtenus à partir de ces deux prélèvements (courbes ci-dessous) et **expliquer** la différence observée.

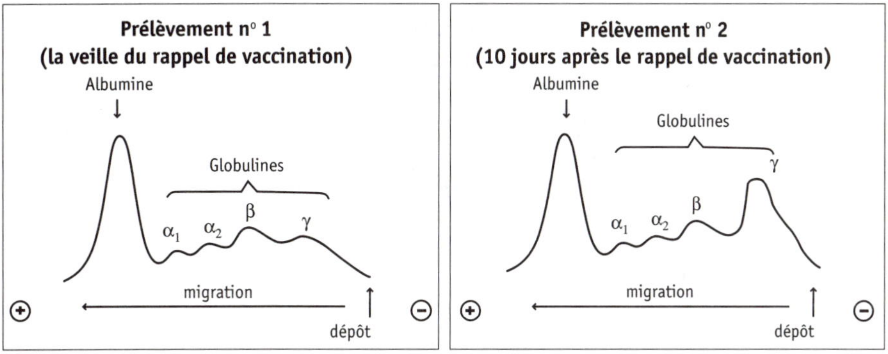

Électrophorégrammes établis après séparation des protéines sériques par électrophorèse puis dosage de ces protéines dans les fractions isolées.

Comparer consiste à noter les ressemblances et les différences. Déduire de l'histoire du sujet l'explication demandée.

4.2. Le sang collecté par les Centres de transfusion sanguine peut être fractionné et servir ainsi à la préparation de différents produits thérapeutiques purifiés dont la durée de conservation est supérieure à celle du sang frais, par exemple : concentré de plaquettes, fractions coagulantes (facteurs VIII et IX), immunoglobulines anti-D (anti-facteur rhésus).

Indiquer, parmi les sujets de la liste suivante, ceux qui peuvent être traités à l'aide de l'un de ces produits **en justifiant** la réponse :

- hémophile
- diabétique
- obèse
- femme rhésus positif accouchant d'un enfant rhésus négatif
- femme rhésus négatif accouchant d'un enfant rhésus positif
- malade atteint de thrombopénie

Trouver ce que contient chaque produit et en déduire sa fonction biologique. Rechercher les troubles ou risques des différents sujets. Établir alors le lien logique entre produit et situation du sujet.

5.1. **Légender** le schéma du document ci-après et lui **donner** un titre.

Être attentif à la localisation des structures à légender afin d'utiliser les termes anatomiques précis.

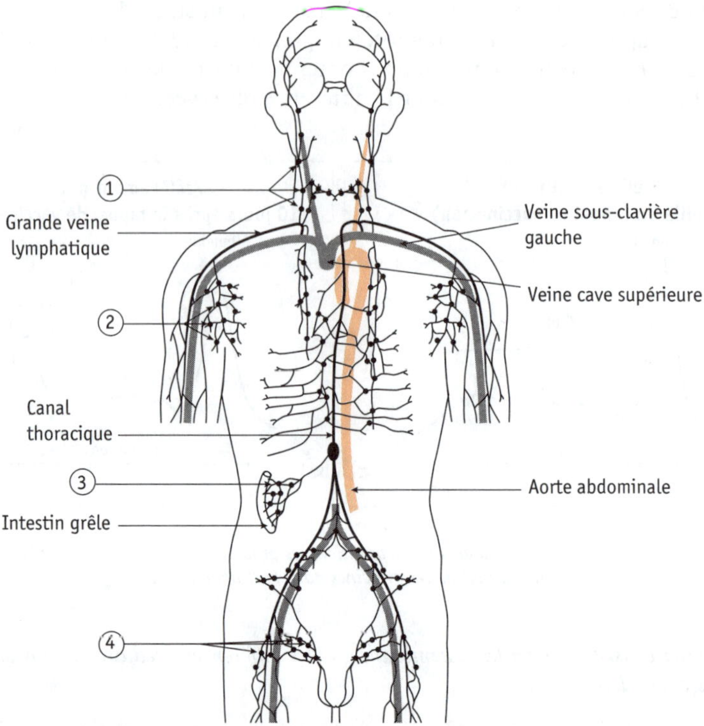

5.2. La composition chimique de la lymphe diffère peu de celle du plasma. On observe cependant que :

- la concentration en protéines du liquide extracellulaire (LEC) est inférieure à 10 $g.L^{-1}$, alors que la concentration des protéines plasmatiques est de 70 $g.L^{-1}$;
- des cellules (surtout des lymphocytes) et des protéines (gammaglobulines), s'ajoutent à la lymphe canalisée lorsqu'elle traverse les ganglions lymphatiques ;
- la lymphe drainée à partir de l'intestin grêle prend un aspect lactescent à la suite d'un repas riche en lipides ;
- dans la lymphe d'origine hépatique, la concentration protéique peut atteindre 60 $g.L^{-1}$.

a. Définir : liquide extracellulaire (LEC), lymphe canalisée et lymphe.

b. Expliquer chacune des quatre observations énoncées ci-dessus (en 5.2.).

Relire attentivement les données. Tenir compte du rôle des différents organes cités.

c. Rédiger un court texte présentant la lymphe à l'aide des conclusions précédentes, du schéma présenté en 5.1. et des connaissances.

Prendre en compte toutes les données, puis rédiger une réponse organisée : origine, trajet, devenir et indications simples sur le rôle de la lymphe.

TERMINOLOGIE

1. Voici des racines correspondant à des liquides et sécrétions de l'organisme : hémo, hémato ; uro ; rachi, rachie ; copro.
Indiquer leur signification puis **définir** deux termes contenant chacune de ces racines.

Exercice simple, faire preuve de bon sens. Choisir des termes classiques, faciles à définir.

2. Les examens hématologiques sont nombreux ; ils sont pratiqués sur le sang et parfois sur les organes hématopoïétiques.
Distinguer :1. hémogramme et hématocrite ; 2. hémostase et hémorragie ; 3. érythropoïèse et hémolyse ; 4. leucopénie et neutropénie ; 5. myélogramme et médullogramme ; 6. splénogramme et adénogramme.

Mobiliser les connaissances de biologie et de terminologie. Décomposer chaque terme de la paire proposée en préfixe, racine et suffixe, pour faciliter la découverte de leur sens ; utiliser le répertoire étymologique si nécessaire. Rechercher les points communs et/ou les éléments distincts existant entre ces termes.

3.1. **Définir** les termes suivants : épistaxis, hématurie macroscopique, hémoptysie, hémolyse, hématémèse puis **indiquer, en justifiant** votre choix, celui qui ne correspond pas à une hémorragie extériorisée.

Définir chaque terme à l'aide de l'étymologie. S'interroger ensuite : ce terme traduit-il une hémorragie ? Celle-ci est-elle « visible » ? Rédiger la réponse en mettant en évidence les résultats de cette recherche.

3.2. Parmi les termes suivants : granulocytes, éosinophiles, lymphocytes, monocytes, thrombocytes, **indiquer en justifiant** votre choix celui qui ne figure pas dans une formule leucocytaire.

Définir chaque terme à l'aide de l'étymologie. Mobiliser les connaissances de biologie puis, pour chaque terme, s'interroger : est-ce un leucocyte ? Rédiger la réponse en mettant en évidence cette recherche.

4. **Donner** le terme correspondant aux définitions suivantes : 1 : formation des éléments figurés du sang ; 2 : augmentation du nombre de leucocytes dans le sang ; 3 : résultat de l'étude cytologique de la moelle osseuse ; 4 : détermination de la concentration en fer plasmatique ; 5 : adjectif, souvent employé comme nom, désignant une substance qui empêche la formation de caillots.

Utiliser les connaissances d'étymologie, être attentif à l'orthographe.

PHYSIOPATHOLOGIE

1.1. Les examens biochimiques suivants : glycémie, azotémie, uricémie, calcémie, natrémie, fibrinémie, kaliémie, chlorémie, protidémie, triglycéridémie permettent d'étudier la composition du plasma ; **définir** chacun d'eux.

Décomposer chaque terme en racine et suffixe. Définir la racine en s'aidant des cours de biologie et des symboles chimiques. Indiquer la signification de chaque terme proposé.

1.2. Certaines des substances faisant l'objet des examens précédents sont normalement présentes dans les urines ; parmi celles-ci, **trouver** les cinq termes correspondant à cinq examens paracliniques pratiqués sur les urines de 24 heures ; **préciser** pourquoi les quantités de substances éliminées dans les urines sont exprimées en tenant compte du volume urinaire émis par 24 heures.

Chercher le suffixe relatif au nouveau milieu étudié. En s'appuyant sur les connaissances des principales fonctions du rein, sélectionner cinq substances normalement présentes dans les urines. Construire le terme en ayant soin de vérifier qu'il est prononçable et bien orthographié.

1.3. Certaines des substances faisant l'objet des examens précédents sont normalement présentes dans le liquide céphalorachidien ; citer deux termes correspondant à deux examens paracliniques pratiqués sur le liquide céphalorachidien.

Même démarche que précédemment.

2. **Associer** chaque signe clinique au signe paraclinique susceptible de lui correspondre ; **justifier** votre choix.

Signes cliniques :	Signes paracliniques :
• asthénie	• érythropénie
• pyorrhée	• hyperleucocytose
• gingivorragies	• polyglobulie
• érythrose	• thrombopénie et/ou hypoprothrombinémie

Trouver la signification de chaque terme en s'aidant de l'étymologie. Se souvenir de la fonction (rôle) de chaque élément figuré du sang. Faire preuve de logique.

3. Dans la plupart des maladies infectieuses (bactériennes ou virales) et des maladies parasitaires, l'organisme, envahi par un agent pathogène vivant, élabore des anticorps spécifiques de l'antigène. Le diagnostic de ces maladies peut se faire soit par l'isolement de l'agent pathogène, soit par la recherche des anticorps (immunité humorale).

3.1. Dans le cas d'une septicémie, l'organisme est envahi par des agents pathogènes vivants qui passent dans le sang. **Préciser** les deux examens paracliniques permettant de découvrir l'agent pathogène responsable de l'infection, puis **indiquer, en justifiant** la réponse, celui qui permet le diagnostic le plus précoce.

Se représenter la situation en lisant très attentivement l'énoncé : quelle est l'atteinte ? En déduire le milieu à étudier, puis à l'aide de l'introduction à la question, déduire les examens paracliniques utiles au diagnostic.

3.2. **Donner** la signification de : séropositivité, séronégativité, séroconversion.

Utiliser l'étymologie pour rattacher ces termes à l'examen concerné (racine séro).
Choisir un exemple connu (ex. : séropositivité au VIH) pour faciliter la rédaction de la réponse.

Respiration - Toxicomanies - Tabagisme

2

RAPPELS

1. Légender le schéma de l'appareil respiratoire puis indiquer les racines correspondant aux différentes parties mises en évidence.

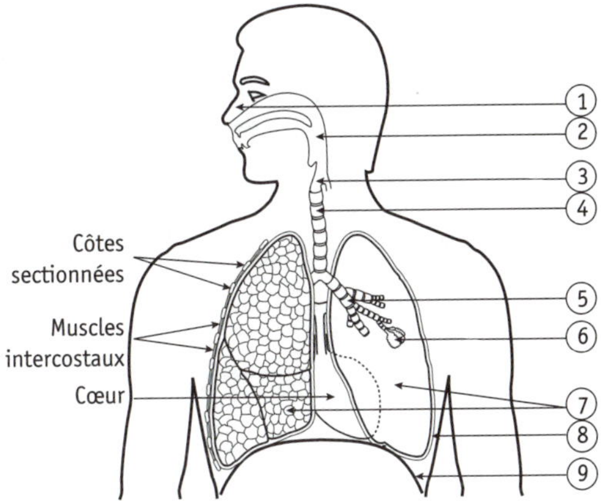

L'appareil respiratoire.

2. La cage thoracique est formée de divers os : sternum, rachis, côtes, clavicules, omoplates, vertèbres dorsales. Préciser leur topographie et donner les racines qui les désignent.

Rechercher ce qui est devant, derrière, sur les côtés.

BIOLOGIE

1. On mesure expérimentalement le volume de dioxygène transporté par le sang total, d'une part, par le plasma, d'autre part, en fonction de la pression partielle du dioxygène dans le milieu. Le document ci-dessous reproduit les courbes établies à partir des mesures effectuées.
Comparer les courbes (1) et (2). Expliquer les différences en citant les formes de transport du dioxygène mises en évidence par ces résultats expérimentaux. Présenter la réponse sous forme de tableau.

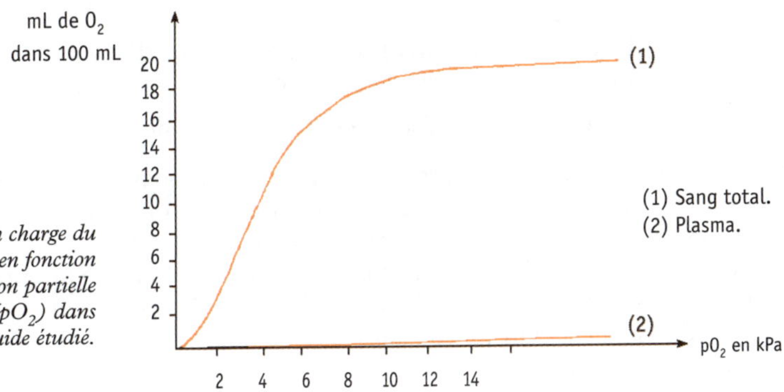

Prise en charge du dioxygène en fonction de la pression partielle de ce gaz (pO_2) dans le liquide étudié.

Construire la réflexion puis la réponse à l'aide d'un tableau à deux colonnes : Comparaison des courbes (différences observables et signification) - Explications à partir des formes connues de transport du dioxygène.

2. Des échanges gazeux avec le sang sont possibles dans l'organisme, au niveau des poumons et des tissus. Le tableau ci-dessous regroupe les valeurs des pressions partielles du dioxygène (pO_2) et du dioxyde de carbone (pCO_2) mesurées sur divers prélèvements.

Pression partielle en kPa	Air alvéolaire	Sang quittant les poumons, sang hématosé	Sang arrivant aux poumons, sang non hématosé	Cellules
pO_2	14	14	5,3	4
pCO_2	5,3	5,3	6,1	6,6

2.1. Énoncer le mécanisme général des échanges gazeux respiratoires.
Déduire, à l'aide des valeurs données dans le tableau, le sens des échanges gazeux au niveau pulmonaire. Conclure par une définition de l'hématose.

Se souvenir de la loi générale réglant les échanges de molécules entre deux milieux. Appliquer cette loi aux valeurs du tableau ; en déduire la définition demandée.

2.2. **a.** Nommer les types de vaisseaux sanguins « desservant » les poumons et les types de vaisseaux sanguins « irriguant » les autres organes, en précisant s'ils contiennent du sang hématosé ou du sang non hématosé.

Construire la réponse à l'aide d'un tableau à deux entrées : organes irrigués (poumons et autres tissus) et état du sang (hématosé ou non) ; remplir ce tableau en utilisant les connaissances d'anatomie.

b. Répondre par « vrai » ou « faux » aux propositions suivantes en justifiant le choix.
• Le sang artériel est riche en dioxygène et pauvre en dioxyde de carbone.
• Le sang artériel peut être hématosé ou non.
• Le sang artériel arrive aux organes.
• Le sang veineux quitte les organes.
• Le sang veineux est pauvre en dioxygène et riche en dioxyde de carbone.
• Le sang veineux peut être hématosé ou non.

Utiliser les connaissances et la réponse précédente. Faire preuve de bon sens.

3. Des expériences ont montré que le transport du dioxygène par la molécule d'hémoglobine dépend de nombreux facteurs parmi lesquels la pression partielle du dioxygène (pO_2) et la pression partielle du dioxyde de carbone (pCO_2).
Pour étudier les propriétés de la molécule d'hémoglobine, on mesure la fixation du dioxygène sur la désoxyhémoglobine en fonction de la pression partielle du dioxygène dans le milieu. On construit les courbes expérimentales de saturation de l'hémoglobine suivantes.

Courbes expérimentales de saturation de l'hémoglobine par le dioxygène, en fonction de pO_2 dans le milieu, et influence de la variation de pCO_2

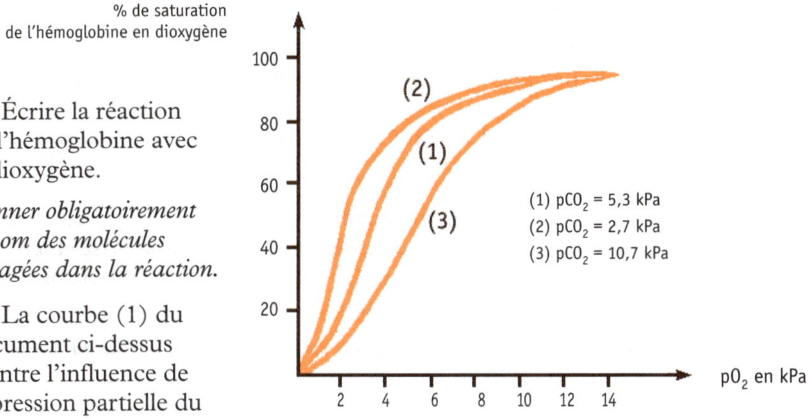

3.1. Écrire la réaction de l'hémoglobine avec le dioxygène.

Donner obligatoirement le nom des molécules engagées dans la réaction.

3.2. La courbe (1) du document ci-dessus montre l'influence de la pression partielle du dioxygène sur le transport de ce gaz par l'hémoglobine.

a. Déduire, de l'étude de cette courbe, l'évolution de la réaction de l'hémoglobine avec le dioxygène, à forte pression partielle de ce gaz (10 kPa $< pO_2 <$ 14 kPa), puis à faible pression partielle de ce gaz (2 kPa $< pO_2 <$ 7 kPa).

Appliquer à la réaction précédente la loi de modification des équilibres apprise en chimie. Construire la réflexion et la réponse à l'aide d'un tableau à deux colonnes : Observation de la courbe aux pO_2 proposées - Déductions.

b. On sait que la pression atmosphérique diminue avec l'altitude, ce qui crée une chute de la pression partielle du dioxygène dans l'air inspiré donc dans l'air alvéolaire. Le tableau suivant donne des valeurs mesurées entre 0 et 7 000 mètres.

ALTITUDE EN MÈTRES	PO_2 ALVÉOLAIRE EN kPa
0	14
1 000	11,6
1 500	10,6
3 000	7,6
5 000	5,3
7 000	4,1

À partir des valeurs données dans le tableau et en tenant compte des déductions faites en 3.2.a., préciser l'influence de l'altitude sur l'hématose et sur le confort d'un sujet sain.

Reprendre les déductions précédentes et les appliquer aux différentes situations proposées. Vérifier les conclusions en les confrontant à ce qui est connu sur l'effet de l'altitude sur un sujet.

c. Des muscles dont l'activité augmente peuvent subir une baisse locale de pO_2 de 4 kPa à 2 kPa. Expliquer brièvement cette variation et déduire, à partir de cette constatation et de l'étude de la courbe (1), les effets de l'augmentation du travail musculaire sur l'approvisionnement du muscle en dioxygène.

Établir le lien entre travail musculaire et consommation de dioxygène.
Lire sur la courbe le pourcentage de saturation de l'hémoglobine aux valeurs de pO_2 données. Comparer les résultats et conclure.

3.3. Les courbes (2) et (3) du document présenté en 3. montrent l'influence de la pression partielle du dioxyde de carbone sur la saturation de l'hémoglobine par le dioxygène.
a. Présenter les différents modes de transport du dioxyde de carbone par le sang.

Question de cours : donner le nom de chacune des molécules citées.

b. Analyser la position des courbes du document les unes par rapport aux autres et en déduire, d'une part, l'influence du dioxyde de carbone sur la prise en charge du dioxygène par l'hémoglobine, d'autre part, les conséquences sur les échanges gazeux au niveau des tissus et au niveau pulmonaire.

Construire la réponse à partir d'un tableau à deux colonnes : Observation des courbes - Déductions. Adapter les conclusions aux situations pulmonaires et tissulaires.

TERMINOLOGIE

1. Définir les termes : rhinorrhée, pharyngite, trachéotomie, laryngectomie, bronchite, pneumonie, pleurite, cyanose, pneumologie, polypnée, thoracocentèse, pyopneumothorax.

Décomposer chaque terme en préfixe, racine et suffixe. Donner une définition simple.

2.1. Trouver les termes correspondant aux définitions suivantes :
1. difficulté pour respirer ; 2. arrêt de la respiration volontaire ou non ; 3. ralentissement du rythme respiratoire ; 4. processus physiologique, se produisant au niveau des alvéoles pulmonaires, conduisant à l'oxygénation du sang et à l'élimination de l'excès de dioxyde de carbone ; 5. dilatation d'une bronche ; 6. mesure des volumes d'air mobilisés au cours de la respiration ; 7. rejet de sang par la bouche provenant des voies respiratoires ; 8. ablation du poumon ; 9. épanchement d'air dans la plèvre ; 10. ouverture chirurgicale du thorax ; 11. maladie pulmonaire due aux poussières contenues dans l'air environnant le sujet qui se fixent sur le parenchyme pulmonaire (amiante, silice…).

Utiliser les connaissances d'étymologie et éventuellement exploiter les réponses précédentes.

2.2. Certaines racines peuvent avoir deux sens différents (racines polysémiques) qu'il ne faut pas confondre, tel est le cas pour adéno = glande endocrine (ex. : adénome) ou ganglion lymphatique (ex. : adénite). Parfois deux racines (souvent l'une d'origine grecque et l'autre d'origine latine) ont le même sens, tel est le cas pour métro et hystéro = utérus. Sélectionner, parmi les racines utilisées dans les termes précédents (2.1.) deux racines polysémiques et deux racines ayant le même sens, en indiquant les termes les contenant.

Décomposer chaque terme en préfixe, racine et suffixe.
Illustrer la réponse avec les exemples retenus.

3. Comparer : 1. tabagisme et tabagisme passif ; 2. hypoxémie et hypoxie ; 3. tachypnée et orthopnée ; 4. dépendance physique et dépendance psychique.

Décomposer chaque terme, indiquer la définition précise, puis rechercher les points communs et/ou les éléments distincts entre chaque terme de la paire proposée.

PHYSIOPATHOLOGIE

1. Problème à la fois médical, social et humain, la toxicomanie recouvre de grandes disparités tant par la diversité des drogues que par leurs modes de consommation et leurs conséquences. Les conséquences à long terme des toxicomanies varient selon la substance utilisée ; il s'agit souvent d'une déchéance psychique, toujours d'une déchéance physique avec atteinte des fonctions vitales, parfois d'infections et même de cancers. Préciser pour chacune des toxicomanies suivantes : héroïnomanie, alcoolisme, tabagisme, les risques éventuels à plus ou moins long terme.

Construire un tableau à double entrée : toxicomanies (trois colonnes) et complications citées (quatre lignes). Se souvenir des organes atteints. Compléter le tableau en utilisant les connaissances acquises.

2. Les examens paracliniques suivants : radiographie thoracique, scanographie thoracique, fibrobronchoscopie, spirométrie, gazométrie sont très utilisés lors de l'exploration de l'appareil respiratoire.
Indiquer leur principe, leurs avantages, leurs inconvénients éventuels et l'une de leurs principales indications.

Mobiliser les connaissances d'étymologie, de physiopathologie, de physique.
Respecter le plan proposé afin de ne rien oublier. Présenter la réponse sous forme de tableau.

3. La fumée du tabac contient de nombreuses substances nocives dont les effets sont précisés ci-dessous :

SUBSTANCE	CONSÉQUENCES PHYSIOPATHOLOGIQUES
Monoxyde de carbone	- formation de carboxyhémoglobine ; - hypoxémie.
Nicotine	- fixation sur les récepteurs cérébraux ; - augmentation de la sécrétion acide gastrique ; - libération de sérotonine, adrénaline, noradrénaline ; - augmentation du fibrinogène et de l'adhésivité des plaquettes ; - vasoconstriction artérielle ; - augmentation de la lipémie et baisse du HDL cholestérol.
Goudrons	- action immunodépressive ; - diminution de la vitamine C et de certains pro-enzymes.
Substances irritantes	- diminution de l'action des cils de la muqueuse bronchique ; - hypersécrétion de mucus ; - bronchoconstriction ; - majoration des réactions allergiques.

3.1. Déduire des données précédentes les pathologies auxquelles sont exposés les tabagiques à plus ou moins long terme.

Reproduire le tableau en ajoutant une troisième colonne. À chaque conséquence faire correspondre le risque pathologique.

3.2. Indiquer les principaux signes cliniques aux différents stades de l'intoxication.

Ajouter une quatrième colonne au tableau précédent et pour chaque pathologie, indiquer les principaux signes cliniques. Si la réponse est « rédigée », présenter les signes regroupés, de façon logique, par pathologies.

3.3. Déduire de l'étude précédente les principaux examens paracliniques permettant d'apprécier les conséquences du tabagisme et en montrer l'intérêt.

Adopter la démarche précédente. Pour chaque pathologie et/ou signe clinique, indiquer un moyen d'exploration pertinent et simple (possibilité, pour ne rien omettre, d'utiliser la présentation sous forme de tableau). Si la réponse est « rédigée », la présenter avec logique et rigueur.

4. À l'aide d'un spiromètre, les mouvements respiratoires d'un sujet sont enregistrés avant qu'il ne fume une cigarette (figure 1) et juste après qu'il a fumé une cigarette (figure 2).
Calculer le rythme respiratoire et le volume d'air courant (volume d'air mobilisé lors de chaque mouvement respiratoire) lors de la première minute d'enregistrement pour ces deux cas et analyser les résultats.

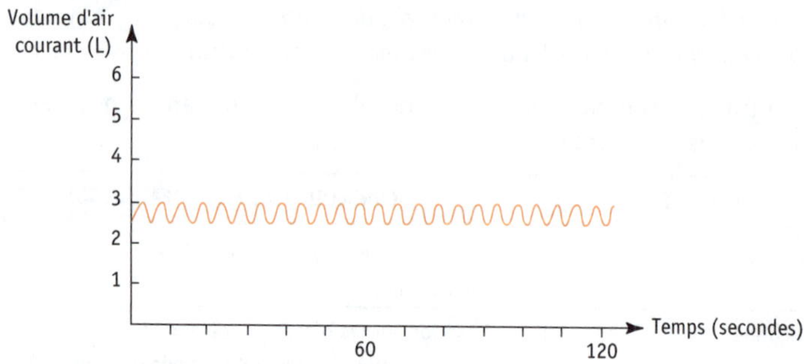

Figure 1

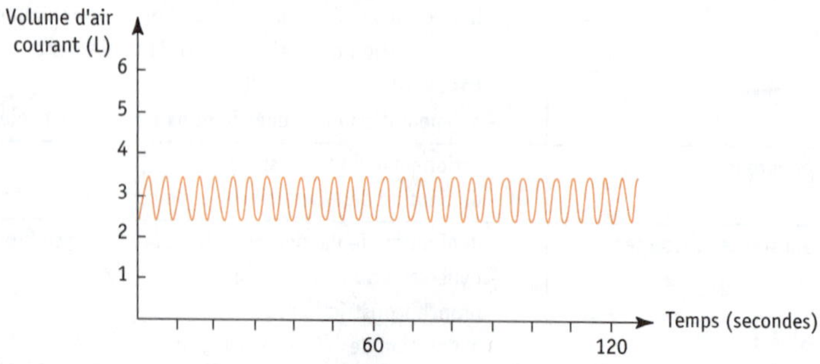

Figure 2

Repérer le nom des axes, les unités, la période concernée par l'étude (une minute). Définir chaque terme de la demande (rythme, volume). Observer et déduire. Rédiger successivement les réponses puis, si possible, faire une conclusion générale.

5. Le tableau ci-dessous donne les volumes de dioxygène fixé sur l'hémoglobine et les volumes de monoxyde de carbone transporté dans le sang chez des sujets fumeurs et chez des sujets non fumeurs.

	mL O_2/g Hb	mL CO/L sang
Non fumeurs	1,33	2,8
Fumeurs	1,21	21,8

Analyser ces résultats, puis en déduire le symptôme qui risque d'apparaître lors d'un exercice physique chez le fumeur.

Repérer la signification des lignes et des colonnes, comparer les chiffres, et si possible établir une relation simple entre eux (ex. : un pourcentage, le double, le triple...). Rédiger la réponse. Faire preuve de logique et de bon sens pour la déduction.

3 Circulation sanguine - Athérosclérose

RAPPELS

1. Donner la définition des préfixes, suffixes et racines suivants : angio, cardio, artério, vaso, phlébo, bio, algo, vasculo, puis illustrer chaque réponse par deux exemples.

2. La notion d'écoulement est traduite par :
- rrhée = qui désigne un écoulement autre qu'un écoulement de sang ;
- rragie = «jaillissement» qui, en général, désigne un écoulement de sang.

Illustrer chacun de ces suffixes par trois exemples.

BIOLOGIE

1.1. Compléter les légendes du document et donner le nom de l'appareil représenté.

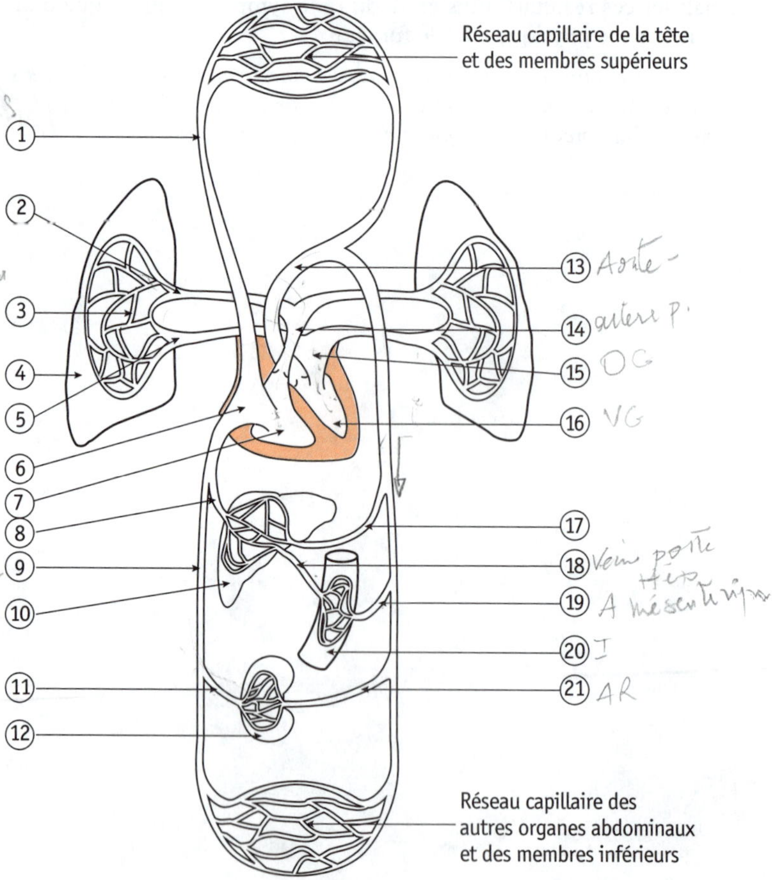

Question de cours. Établir le sens de circulation du sang dans le cœur pour identifier sans confusion les vaisseaux. Pour les éléments pairs, penser à indiquer le côté concerné.

1.2. Nommer les structures représentées entre les cavités ou vaisseaux correspondant aux légendes 6 et 7, 7 et 14, 15 et 16, 16 et 13. Préciser la fonction de ces structures.

Repérer les légendes citées puis les structures à nommer. Rédiger la réponse en regroupant les structures ayant une situation anatomique et une fonction semblables.

2. Pour étudier la physiologie cardiaque, on effectue, de façon synchrone, sur un sujet sain au repos, des enregistrements figurant sur le document présenté ci-dessous : **courbe a** : pressions dans les cavités de l'hémicœur gauche et l'aorte ; **courbe b** : volume sanguin dans le ventricule gauche ; **courbe c** : phonocardiogramme ; **courbe d** : électrocardiogramme (ECG).

2.1. Établir le lien entre les enregistrements a, b, c, d, d'une part, et les phénomènes caractéristiques du fonctionnement cardiaque ainsi mis en évidence, d'autre part.

S'interroger sur l'origine et la nature des phénomènes susceptibles de créer les variations des facteurs étudiés, visibles sur les enregistrements.

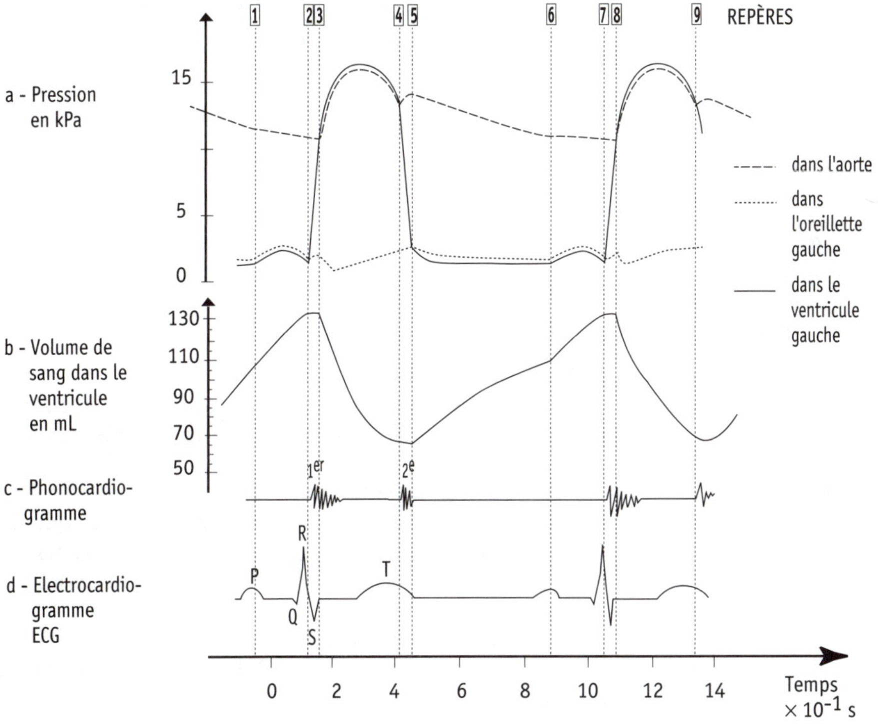

Enregistrements synchrones effectués sur un sujet sain au repos.

2.2. Rappeler les principes (ou conditions) de fonctionnement de la circulation du sang dans le cœur. Expliquer, à partir de ces rappels et à l'aide de l'analyse des courbes a, b et c, le jeu des valvules et le trajet du sang, entre le premier et le deuxième bruit. Donner le nom de la phase du cycle cardiaque ainsi isolée.
En analysant la courbe a, préciser le nom et la place des autres phases du cycle cardiaque.

Retrouver les conditions nécessaires pour le passage du sang d'une cavité à l'autre. S'aider des repères verticaux pour analyser progressivement les événements survenant entre le premier et le deuxième bruit et faire le lien avec la recherche précédente. Construire la réponse sous forme d'un tableau à deux colonnes : Analyse - Explication. La phase étudiée étant identifiée, rappeler, dans l'ordre de leur déroulement au cours d'un cycle, les autres phases et les événements permettant de les repérer sur l'enregistrement a.

2.3. Préciser les origines histologique et physiologique des phénomènes enregistrés en d. Interpréter cet enregistrement en lien avec les phénomènes cardiaques identifiés en a.

Être attentif aux termes de l'énoncé : l'histologie fait référence au type de tissu concerné, la physiologie fait référence à son fonctionnement. L'ECG à analyser est normal.

2.4. Définir la pression artérielle et citer les facteurs dont elle dépend. Indiquer, à partir du document 2.1., à quoi correspondent les deux valeurs qui caractérisent sa mesure.

2.5. Définir le débit cardiaque. Calculer, à partir du document présenté en 2.1., sa valeur (approchée) lors des enregistrements.
Expliquer comment cette valeur pourrait augmenter, par exemple lors d'un exercice musculaire.

Se rappeler qu'un débit correspond à un volume écoulé par unité de temps. Repérer sur le document les valeurs dont on dispose : volume par cycle et durée d'un cycle. Calculer le nombre de cycles par unité de temps puis le débit. S'interroger sur les variations possibles des différents facteurs entrant dans le calcul.

3. Pour étudier la régulation de l'automatisme cardiaque par le système nerveux, on effectue quatre expériences : a, b, c, d, sur des animaux différents pour chaque expérience et maintenus au repos. Les conditions et les résultats de ces expériences sont résumés ci-dessous :

- Expérience a. L'étirement de la paroi de la partie initiale de l'artère carotide interne, par exemple par perfusion à haute pression, est suivi d'une baisse de la fréquence cardiaque. L'absence d'étirement par arrêt de la circulation dans cette zone de l'artère, par pincement en amont, est suivie d'une augmentation de la fréquence cardiaque.
- Expérience b. La section bilatérale des nerfs nommés N1 supprime la réponse à l'étirement carotidien. L'excitation du bout central de N1 est suivie d'une baisse de la fréquence cardiaque. L'excitation du bout périphérique est sans effet.

- Expérience c. La section bilatérale des nerfs N2 est suivie d'une forte augmentation de la fréquence cardiaque. L'excitation du bout périphérique de N2 est suivie d'une baisse de la fréquence cardiaque. L'excitation du bout central est sans effet.
- Expérience d. La section bilatérale des nerfs N3 est suivie d'une baisse peu importante de la fréquence cardiaque. L'excitation du bout périphérique de N3 est suivie d'une augmentation de la fréquence cardiaque. L'excitation du bout central est sans effet.

3.1. Donner les termes médicaux désignant les deux réponses obtenues lors de ces expériences. Déduire des expériences et de leurs résultats qualitatifs, les éléments du réflexe de régulation du rythme cardiaque ainsi mis en évidence.

Repérer, dans les résultats des expériences, les deux réponses possibles. Utiliser les racines et préfixes appropriés pour les nommer.
Se raconter les expériences et expliciter leurs résultats (les expériences de section-excitation de nerfs sont classiques : leur interprétation doit être connue). Construire la réflexion puis la réponse à l'aide d'un tableau à deux colonnes : Observations - Déductions. Rassembler les déductions dans un court résumé.

3.2. Nommer les nerfs désignés par N1, N2 et N3. Donner le nom et la fonction des systèmes nerveux dont ils font partie.
Préciser la localisation des centres nerveux des réflexes de régulation du rythme cardiaque.

3.3. Déduire, des résultats quantitatifs des expériences c et d de section bilatérale, l'influence de chaque système nerveux sur l'automatisme cardiaque, au repos.

Utiliser les réponses aux questions précédentes et faire preuve de logique.

4. Il est possible de mesurer le débit sanguin au niveau d'un organe. Le tableau ci-dessous donne les valeurs de différents débits, exprimés en mL.min^{-1}, chez un homme adulte d'abord au repos, puis au cours d'un exercice musculaire ; la colonne Débit viscéral concerne les viscères abdominaux et pelviens.

		Débit (mL.min^{-1})					
		cérébral	myocardique	musculaire	cutané	viscéral	cardiaque
Activité	Repos	700	200	1 000	300	2 800	5 000
	Exercice	700	750	12 500	1 500	1 950	17 400

4.1. Analyser ces résultats et montrer l'intérêt des modifications constatées.

Regrouper les valeurs en fonction du sens de leur variation. Rechercher puis expliquer, pour les organes faisant l'objet des mesures, en quoi les variations observées à leur niveau sont adaptées à leur éventuelle participation à l'exercice musculaire.

4.2. Décrire les éléments histologiques propres aux artérioles et aux capillaires responsables des modifications observées et présentées dans le tableau ci-dessus, puis expliquer leur rôle.

Envisager, pour chaque structure histologique identifiée, les deux sens d'action possibles, et les relier au sens de variation du débit sanguin observé dans les différents organes.

5. Commenter les affirmations suivantes : a - artères et veines ont une histologie commune ; b - les artères sont de type musculaire, les veines sont de type élastique ; c - la pression sanguine dans les vaisseaux est régulière, élevée dans les artères et basse dans les veines ; d - les valvules sont présentes dans le système veineux afin d'orienter le trajet du sang et d'éviter sa circulation à contre-courant.

Être attentif à chaque terme de la proposition qui peut être juste, fausse ou partiellement inexacte. Justifier les réponses par des explications.

TERMINOLOGIE

1. Définir les expressions et termes suivants :
acrocyanose, tachyarythmie, tonicardiaque, phlébographie, érythrose, sphygmogramme, pancardite, lymphographie, méthode de Holter, artériopathie

Décomposer chaque terme en préfixe, racine et suffixe. En déduire une définition simple mais complète de chacun des termes proposés.

2. Donner le terme médical signifiant :
1. hypertrophie du cœur ; 2. perte du code du langage ; 3. diminution de l'apport de dioxygène au niveau d'un tissu ; 4. paralysie de la moitié droite ou gauche du corps ; 5. paralysie légère de la moitié droite ou gauche du corps ; 6. coloration bleue de la peau et des muqueuses due à un manque de dioxygène dans le sang ; 7. ablation d'une veine ; 8. arrêt d'une hémorragie ; 9. issue du sang hors d'un vaisseau ; 10. tissu tapissant les cavités et les valvules cardiaques.

Utiliser les connaissances d'étymologie et éventuellement exploiter les réponses précédentes. Être attentif à l'orthographe.

3. Distinguer :

1. thrombose et embolie ;
2. thrombolytique et anticoagulant ;
3. anévrisme et angiectasie ;
4. athérome et athérosclérose.

Trouver la signification des préfixes, racines et suffixes composant chaque terme, puis en déduire la définition. Rechercher les points communs et/ou les éléments distincts entre chaque terme de la paire proposée.

PHYSIOPATHOLOGIE

1.1. Définir l'auscultation et préciser sa place ainsi que son intérêt dans l'étude d'une maladie.
À l'aide de ses connaissances, voire de son expérience, noter les éléments essentiels concernant l'auscultation (ex. : en quoi consiste-t-elle ? qui la pratique ? comment ? pourquoi ? où ?). S'appuyer sur des exemples simples (ex. : bronchite, asthme, souffle…) pour en montrer l'intérêt. « Préciser sa place » signifie situer cet acte dans l'étude générale d'une maladie, c'est-à-dire : que se passe-t-il avant ? après ?

1.2. Définir les termes : coronaropathie, valvulopathie, polyglobulie, arythmie, sténose artérielle, hypervolémie, puis choisir parmi ces états pathologiques, en justifiant la réponse, ceux qui se traduisent par la perception d'un souffle lors de l'auscultation.

Définir les termes proposés (à l'aide de l'étymologie) et se représenter mentalement l'anomalie correspondante : son siège, sa nature. S'interroger : peut-on percevoir un bruit ? si oui, pourquoi ? à quoi correspond-il ? Déduire et rédiger la réponse de façon claire et logique.

2. Préciser sur quel type de vaisseaux s'effectue la prise du pouls ; donner deux exemples. Indiquer le résultat de la prise du pouls chez un sujet adulte en bonne santé puis trouver les deux termes correspondant respectivement à une augmentation et à une diminution de la fréquence cardiaque.
Utiliser le cours de biologie sur la circulation sanguine : à quoi correspondent les pulsations cardiaques ? où peut-on les compter ?

3.1. **a.** Définir : athérosclérose.
b. Donner la définition de chacun des termes et expressions : lipoprotéines à apoprotéines A1 et A2 (HDL), angor, diabète, hémiparesthésies, Doppler, puis indiquer leur rapport avec le processus d'athérosclérose.

Pour trouver la définition du processus, inscrire, si nécessaire « en vrac », tout ce qui paraît en relation avec lui, puis ordonner ces notes en les rassemblant logiquement.
Définir ensuite chaque terme ou expression proposé, et s'interroger sur sa place dans l'étude du processus pathologique : est-ce une cause, une conséquence, un symptôme, un examen paraclinique, une complication… ?
Rédiger la réponse en respectant toutes les étapes conduisant d'un terme à l'autre.

3.2. M. X, obèse et tabagique, souffre de précordialgies, à caractère constrictif, irradiant dans le bras gauche, apparaissant lors d'un effort, l'obligeant à arrêter l'effort et cédant alors soit spontanément au bout de quelques minutes, soit après la prise de trinitrine. Afin d'éviter les précordialgies très gênantes et l'évolution vers un infarctus du myocarde, une intervention chirurgicale est envisagée.

a. Présenter succinctement les différentes thérapeutiques chirurgicales utilisables chez ce malade puis définir l'examen paraclinique nécessaire pour confirmer cette indication thérapeutique.

Repérer les éléments essentiels (les souligner ou les lister), en déduire la localisation de la lésion et se représenter l'anomalie.
Mettre en parallèle la thérapeutique proposée et cette lésion : imaginer les « réparations possibles », les procédés utilisables.
Rechercher les techniques de visualisation de cette anomalie.

b. • Distinguer infarctus du myocarde et angor (ou angine de poitrine).
• Préciser les signes cliniques de la forme classique d'un infarctus du myocarde.
• Donner les conseils de prévention utiles pour éviter l'apparition des coronaropathies et de leurs complications en relation avec l'athérosclérose.

Relire l'énoncé, rechercher comment la pathologie décrite peut évoluer vers un infarctus du myocarde. Même démarche pour l'étude clinique : rechercher les modifications des symptômes. Aborder la prévention en respectant l'ordre logique : primaire, secondaire et tertiaire (rarement étudiée) ; fournir des réponses précises (éléments à modifier, comportements à supprimer...).

4.1. Définir ECG.

4.2. Définir les expressions et termes suivants : tachycardie, nécrose du myocarde, hypertrophie de l'oreillette gauche, érythropénie. Parmi les signes et/ou les états pathologiques énumérés, indiquer, en justifiant la réponse, lesquels sont détectables grâce à l'ECG.

Mobiliser ses connaissances de biologie : examen et interprétation. Définir chaque terme proposé et se représenter mentalement ou sur un schéma l'anomalie correspondante. Mettre en parallèle l'examen paraclinique (ECG) et l'état pathologique défini : ce dernier est-il repérable grâce à l'ECG ? Si oui, pourquoi ? Rédiger la réponse.

5. À l'aide de la représentation schématique du développement de l'athérosclérose (schéma ci-dessous), rédiger un texte court présentant les lésions observées et les complications possibles.

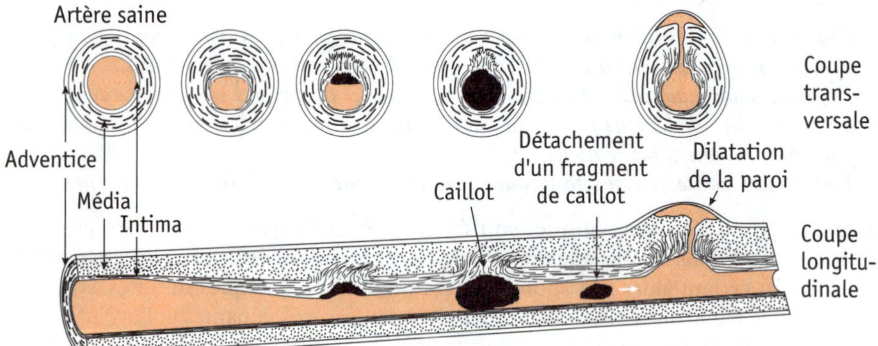

Repérer sur le schéma les éléments d'anatomie, puis les transformations subies par l'artère. Chercher le mécanisme d'apparition de chacune d'elles (quelles anomalies conduisent à l'atteinte ?) et les complications possibles (quelles conséquences cela peut-il avoir ?). Rédiger un commentaire logique, de l'artère normale aux complications, en respectant toutes les étapes.

6. Définir les traitements suivants : anti-arythmique, antidiarrhéique, anti-agrégant plaquettaire, neuroleptique, myorelaxant, angioplastie, anticoagulant, diététique, crénothérapie, antifongique ; indiquer ceux qui sont employés en pathologie cardiovasculaire en justifiant la réponse.

Trouver la définition de chaque terme, à l'aide de l'étymologie. Se souvenir des principales pathologies cardiovasculaires. Rédiger une réponse logique en justifiant le choix.

Digestion et absorption - Troubles nutritionnels et alcoolisme

RAPPELS

1. Donner le terme correspondant à chaque région abdominale.

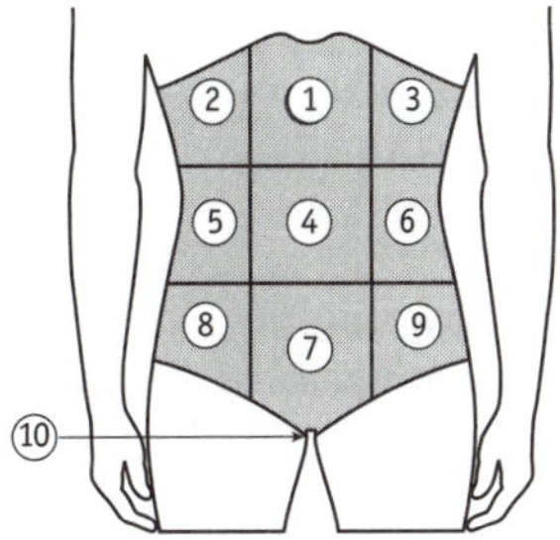

L'abdomen.

2. Chaque terme ou expression ci-dessous est construit avec un préfixe exprimant une position dans l'espace ou dans l'organisme : au-dessus, au-dessous, à côté, au milieu, autour, en dedans, à l'extrémité, en dehors. Associer chaque position aux termes ou expressions proposés : endoscopie, épigastre, parentéral, sous-maxillaire, ingestion, exérèse, hypocondre, injection, médiastin, ectopie, péricarde, surrénales, acromégalie, in vitro, média, exocrine.

3. La taille est traduite par : micro, normo, macro, mégalo ou mégalie, brachy, dolicho ; définir chaque préfixe et suffixe puis illustrer chacun d'eux par un terme.

BIOLOGIE

1. Annoter les schémas A et B ci-dessous représentant, d'une part, l'organisation générale de l'appareil digestif, d'autre part, les rapports anatomiques entre le foie, le pancréas et le tube digestif. Certaines légendes ne correspondent pas à l'appareil digestif, préciser lesquelles.

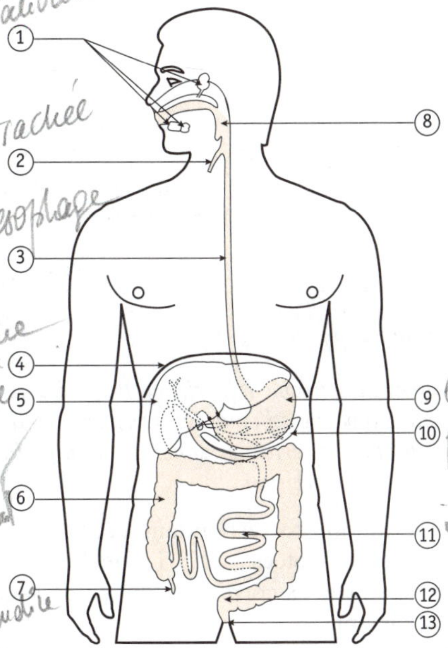

A : organisation générale de l'appareil digestif.

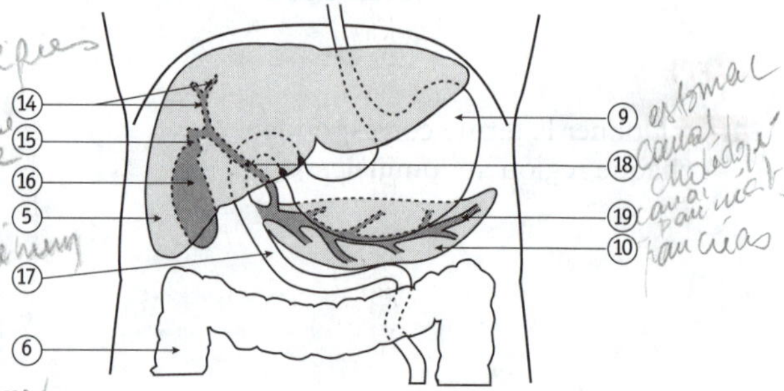

B : rapports anatomiques entre le foie, le pancréas et le tube digestif.

Question de cours : la connaissance de ces données anatomiques est indispensable. Être attentif afin de ne rien oublier.

2.1. Annoter le schéma du document ci-dessous représentant l'organisation histologique de la paroi d'un segment du tube digestif. Nommer le segment observé en précisant ce qui permet de le distinguer du reste du tube digestif.

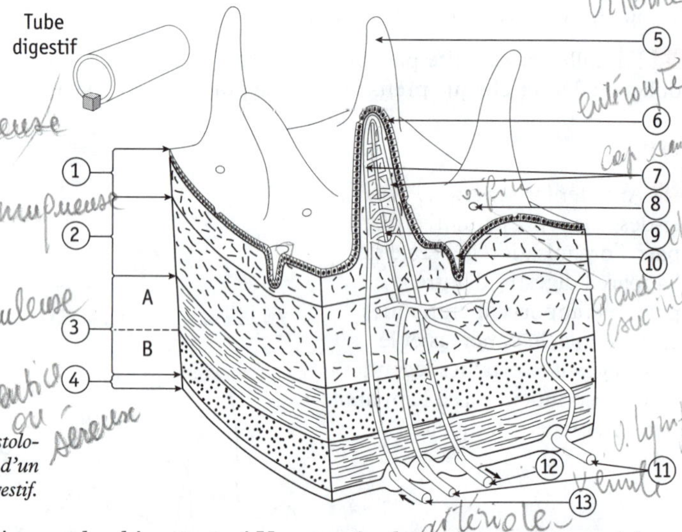

Organisation histologique de la paroi d'un segment du tube digestif.

Observer attentivement le schéma proposé. Y reconnaître les tuniques communes à la paroi de tout le tube digestif, puis repérer, parmi les détails légendés, ceux qui désignent des structures propres à certaines zones de ce tube. Identifier la zone observée et compléter les légendes avec précision.

2.2. La tunique correspondant à la légende 3 du document 2.1. est composée de deux couches notées A et B. L'une d'entre elles présente une épaisseur plus importante aux niveaux correspondant au passage d'un segment du tube digestif au segment suivant.

Nommer A et B et expliquer leur rôle dans le fonctionnement de l'appareil digestif. Indiquer la couche dont l'épaisseur est plus importante par endroits puis préciser la fonction de ces zones « renforcées » et donner leur nom et leur localisation.

Observer le sens de la coupe (croquis indicatif) et la représentation schématique de ces couches. En déduire l'orientation des cellules par rapport à l'axe du tube digestif et l'effet de leur contraction ; le relier aux phénomènes mécaniques touchant le tube digestif.

3. Pour étudier la digestion des lipides, on donne à un chien X, au temps t_0, un repas riche en triglycérides alimentaires et additionné de cellulose. Puis on effectue à différents niveaux du tube digestif des prélèvements dans lesquels on recherche certaines molécules. La présence de cellulose sert de marqueur de la progression du contenu digestif et permet de s'assurer que la ration en transit dans le tube digestif se trouve bien dans la zone où est effectué le prélèvement. Les résultats obtenus sont présentés dans le tableau ci-après.

Molécules	Taille en nm	Bouche t_0 + 1 min	Estomac t_0 + environ 3 h	Jéjunum t_0 + environ 6 h	Iléon t_0 + environ 12 h	Côlon t_0 + environ 17 h
Cellulose	12-30	+	+	+	+	+
Triglycérides	4	+ + +	+ + +	traces	traces	traces
Monoglycérides	0,8	–	–	+ + +	–	–
Acides gras	0,6	–	–	+ + +	–	–

De plus, régulièrement au cours de l'expérience, on observe l'aspect de plusieurs échantillons de plasma sanguin et de lymphe. Le sang, dont on sépare le plasma par centrifugation, est prélevé, d'une part, dans la veine porte, d'autre part, dans la circulation générale ; la lymphe est prélevée dans les canaux lymphatiques qui drainent l'intestin grêle du chien. Alors que l'aspect du plasma du sang portal ne change pas, la lymphe d'abord, le plasma du sang de la circulation générale ensuite, deviennent peu à peu lactescents.

3.1. Analyser les résultats obtenus dans le cas du chien X pour en déduire des renseignements concernant le devenir des lipides ingérés.

Conduire la réflexion à l'aide d'un tableau à deux colonnes : Observations - Déductions. Suivre le transit digestif du repas, en tenant compte des changements de composition et de lieu qui interviennent. Déduire les réponses des observations, ne pas réciter le cours.

3.2. Préciser le rôle de la cellulose dans la ration alimentaire journalière de l'homme.

Question de cours. Utiliser la ligne du tableau concernant la cellulose.

3.3. On pratique les mêmes recherches que celles effectuées sur le chien X dans la question 3.1., d'une part, sur un chien Y dont on a ligaturé le canal pancréatique, d'autre part, sur un chien Z dont on a ligaturé le canal cholédoque. Le résultat des analyses montre que l'intestin grêle et le côlon de Y et Z contiennent une quantité importante de triglycérides et que les selles émises par ces deux chiens sont riches

en graisses (stéatorrhée) ; la lymphe des canaux lymphatiques issus du grêle se trouble peu dans les deux cas.
Analyser ces deux nouvelles expériences et leurs résultats ; expliquer ces derniers à l'aide des connaissances sur les sécrétions concernées par ces expériences.

Reprendre chaque expérience, noter ce qui est nouveau, par rapport au chien X, dans la situation des chiens Y et Z et dans les résultats observés puis interpréter.
Préciser ensuite le mode d'action sur la digestion des lipides, des sécrétions conduites par chacun des canaux ligaturés. Comparer les réponses et conclure.

3.4. À partir de l'étude du devenir des lipides proposée ci-dessus, dégager une définition générale de la digestion.

Rassembler les diverses déductions et explications. Choisir celles qui peuvent s'appliquer aux autres familles de molécules de la ration alimentaire (protides, glucides, acides nucléiques) et construire une réponse courte en utilisant un vocabulaire précis.

4. Critiquer les propositions suivantes en justifiant les réponses :
1. L'amidon est une forme universelle de mise en réserve du glucose.
2. Glycogène et amidon : 2 formes de stockage du glucose dans l'organisme humain.
3. On trouve du glycogène dans le foie et les muscles.
4. L'organisme peut fabriquer du glucose à partir de molécules non glucidiques.
5. Une alimentation riche en lipides permet la mise en réserve de glucose.
6. Une alimentation riche en glucides permet la mise en réserve de lipides.
7. Le foie et les muscles libèrent du glucose dans la circulation, en cas d'hypoglycémie donc on peut supprimer les glucides de la ration alimentaire.
8. Les peptides sont le résultat de l'hydrolyse totale des protéines par les peptidases.
9. Les acides aminés sont des nutriments absorbables.
10. L'absorption est possible tout au long du tube digestif.
11. Les vitamines sont absorbables sans digestion préalable.
12. Les nutriments absorbés se retrouvent dans le sang de la veine porte et sont conduits au foie avant de rejoindre la circulation générale.

Être attentif à chaque terme de la proposition qui est juste ou fausse. Commenter les propositions en donnant des explications.

TERMINOLOGIE

1. Indiquer les racines correspondant aux termes suivants : bouche, dent, gencive, langue, salive puis définir : stomatite, gingivorragie, sialorrhée, odontalgie, macroglossie.

Les deux parties de la question sont liées. Être astucieux et déduire la définition de chaque terme.

2. Définir les expressions et termes suivants : 1. anorexie ; 2. gastrorragie ; 3. pyrosis ; 4. hématémèse ; 5. fibro-œsogastroscopie ; 6. dysphagie ; 7. transit œsogastroduodénal ; 8. lavement baryté ; 9. étude coprologique ; 10. dyspepsie.

Décomposer chaque terme ou expression en préfixe, racine et suffixe pour trouver son sens puis en donner une définition simple mais complète.

3. Donner le terme médical correspondant à :
1. excès de graisses non digérées dans les matières fécales ;
2. examen d'imagerie diagnostique utilisant les infrarouges ;
3. soif excessive ;
4. douleur au niveau de l'estomac ;
5. recherche de germes pathogènes dans les selles ;
6. radiographie des voies biliaires ;
7. exagération de la sécrétion salivaire ;
8. substance prévenant ou arrêtant les vomissements ;
9. ablation de la vésicule biliaire ;
10. œsophage trop court.

Utiliser les connaissances d'étymologie et être attentif à l'orthographe des termes.

4. Distinguer :
1. dépenses basales et dépenses extra-basales ;
2. dénutrition et malnutrition ;
3. alimentation par voie entérale et alimentation par voie parentérale ;
4. épigastre et hypochondre.

Décomposer chaque terme ou expression et en déduire sa signification. Rechercher ensuite les points communs et/ou les éléments distincts entre chaque terme ou expression de la paire proposée.

PHYSIOPATHOLOGIE

1. Tous les organes ou parties d'organe, représentés sur les schémas A et B de l'exercice de biologie n° 1, peuvent être enflammés ou infectés (suffixe : ite, ex. : gastrite = inflammation de la muqueuse de l'estomac). Certains d'entre eux peuvent être enlevés chirurgicalement ; deux exérèses chirurgicales, pratiquées couramment, sont en général bien tolérées et peuvent même être effectuées par cœliochirurgie (ou chirurgie endoscopique) : donner le nom de ces deux interventions. D'autres ablations entraînent parfois des conséquences graves. Ainsi, l'ablation du foie ou du pancréas ou de l'œsophage sont des interventions dites « lourdes » car nécessitant le recours à une plastie ou à une greffe ou à un traitement substitutif : donner et définir les termes correspondant à ces trois interventions chirurgicales et, pour chacune d'elles, préciser le moyen pour remédier aux conséquences entraînées par l'exérèse de l'organe.

Établir la liste des organes (ou parties d'organe) à partir des schémas A et B et s'interroger sur les conséquences de chaque ablation : cette exérèse est-elle compatible avec la vie ? Trouver le suffixe correspondant à l'intervention puis construire le terme, et être attentif à l'orthographe.

2. Classer les termes proposés dans la question 2. de terminologie en signes cliniques subjectifs, signes cliniques objectifs, examens paracliniques.

Se souvenir de la différence entre, d'une part, signe clinique et examen paraclinique, d'autre part, objectif et subjectif. Répartir les termes en faisant preuve de bon sens.

3.1. Donner la définition et le principe de l'endoscopie en illustrant la réponse par des exemples.

Décomposer le terme à l'aide de l'étymologie. Choisir un examen endoscopique et s'interroger : que fait-on ? avec quoi ? pourquoi ? Toutes les parties de l'organisme sont-elles observables ainsi ? Rédiger la réponse de façon claire et précise.

3.2. Pour chaque cas cité ci-dessous, indiquer le nom de l'organe à l'origine des manifestations cliniques observées et le nom de l'examen endoscopique pouvant être réalisé.
- 1er cas : dysphagie avec odynophagie et amaigrissement.
- 2e cas : constipation, syndrome subocclusif et méléna.
- 3e cas : hématémèse, asthénie et anorexie.

Trouver la signification de chaque terme à l'aide de l'étymologie afin de repérer l'organe en cause. Construire logiquement le terme désignant l'endoscopie correspondante.

3.3. Dans chacun des cas précédents, un examen radiologique aurait pu être réalisé.
a. Justifier la préférence donnée aux examens endoscopiques par rapport aux examens radiologiques.
b. Indiquer le nom et le principe de l'examen radiologique correspondant à chacune des situations décrites.

Mobiliser ses connaissances et faire preuve de bon sens.

4. Choisir, parmi les aliments suivants : viandes, lait (non écrémé), oranges, pain, poissons, riz, kiwi, légumes verts, crème, œufs, huiles, confitures, fromages, pâtes, beurre, bananes, dattes, 5 aliments apportant essentiellement des protéines, 5 aliments apportant essentiellement des glucides, 5 aliments apportant essentiellement des lipides, 2 aliments apportant du calcium, 2 aliments apportant de la vitamine C, 2 aliments apportant des fibres, puis indiquer le rôle essentiel (plastique, énergétique, catalytique) de ces diverses catégories d'aliments.

Attention ! de nombreux aliments contiennent diverses substances ; certaines sont en faibles quantités par rapport à d'autres ; faire une sélection judicieuse. La réponse peut être présentée sous forme de tableau.

5. Laure, lycéenne, âgée de 15 ans, avale rapidement le matin un petit déjeuner très succinct composé d'une tasse de café noir non sucré et de deux biscuits. Ce jour, le déjeuner, pris dans une cafétéria en ville, comprend les mets suivants : une quiche lorraine, des saucisses de porc, des pommes de terre sautées et une crème glacée.
Analyser la qualité des apports pour cette demi-journée. Proposer, pour le dîner, un menu favorable à l'équilibre alimentaire et justifier les choix.

Noter les apports quotidiens indispensables en quantité et en qualité pour une adolescente de 15 ans. Lister les aliments consommés. Indiquer ce que chacun d'eux apporte ; en déduire les déséquilibres éventuels puis adapter le menu du dîner pour les compenser. Rédiger la réponse méthodiquement en argumentant les conclusions.

6. Sur un pot de dessert industriel, on peut lire : spécialité laitière à teneur en lipides réduite, édulcorée à l'aspartame, teneur en vitamines A et D garantie, à consommer de préférence avant le JJ/MM/AA (Jour/Mois/Année).
Expliquer ces indications et préciser l'objectif des modifications apportées par rapport à un dessert du même type préparé traditionnellement.

Repérer dans le texte les termes et expressions à expliquer. Les étudier successivement en mettant en évidence leur intérêt.

7. L'apport énergétique total pour un adulte en bonne santé, ayant une activité modérée, varie entre 8 500 et 10 500 $kJ.j^{-1}$ apporté sous forme de 12 à 13 % de protéines, 50 à 55 % de glucides, 30 à 35 % de lipides.

7.1. En admettant que l'apport énergétique pour Mme B., âgée de 32 ans, est de 9 000 $kJ.j^{-1}$, sous forme de 13 % de protéines, 53 % de glucides et 34 % de lipides et en sachant que 1 g de protéine, 1 g de glucide et 1 g de lipide fournissent respectivement 17 kJ, 17 kJ et 38 kJ, déterminer les apports quotidiens souhaitables en protéines, lipides et glucides.

Lister les données puis calculer d'abord la répartition de l'apport énergétique total entre les différentes substances alimentaires, ensuite, la quantité en grammes de chacune de celles-ci correspondant à l'apport énergétique calculé qu'elle doit fournir.

7.2. Proposer trois facteurs susceptibles de modifier les dépenses énergétiques de cette personne, en indiquant le sens et les causes de la variation.

Réfléchir, faire preuve de sens pratique !

8. À l'aide des données fournies dans le tableau suivant et en utilisant ses connaissances, établir la liste des conseils alimentaires (type d'aliments, mode de préparation…) à donner à une femme enceinte ; argumenter la réponse.
Apports souhaitables dans diverses circonstances physiologiques :

Circonstances physiologiques	Apport énergétique (AET) total	Apport en protéines	Apport en calcium	Apport en fer	Apport en eau (boissons)
Femme, 32 ans	8 500 à 10 500 $kJ.j^{-1}$	60 à 80 $g.j^{-1}$	800 $mg.j^{-1}$	16 à 18 $mg.j^{-1}$	1 200 à 1 500 $mL.j^{-1}$
Gestation 1er trimestre 2e trimestre 3e trimestre	 normal augmentation de 5 % augmentation de 10 à 15 %	 apport supplémentaire de 10 à 20 $g.j^{-1}$	 environ 1 000 mg j^{-1}	 16 à 18 $mg.j^{-1}$ 19 à 21 $mg.j^{-1}$ 19 à 21 $mg.j^{-1}$	 environ 1 500 $mL.j^{-1}$
Allaitement	augmentation de 20 à 25 %	apport supplémentaire d'environ 20 $g.j^{-1}$	environ 1 200 $mg.j^{-1}$	20 à 22 $mg.j^{-1}$	1 500 à 1 800 $mL.j^{-1}$
Apport supplémentaire = augmentation de l'apport en fonction des besoins de l'adulte de référence.					

Sélectionner les lignes nécessaires à la réponse.
Comparer les données en colonnes et en déduire les conseils à donner.
Adapter les conclusions et les connaissances au public visé (style direct, conseils faciles à appliquer en pratique, informations concrètes). Faire une conclusion générale.

9. La nutrition, qui est nécessaire à la vie de tous les êtres vivants, implique l'apport d'aliments fournis par une alimentation qui doit être adaptée aux besoins c'est-à-dire suffisante et équilibrée. La digestion transforme ces aliments, substances complexes, en molécules simples ou nutriments absorbés au niveau de l'intestin grêle. Les molécules absorbées sont ensuite utilisées par l'organisme en fonction de ses besoins.

9.1. À partir de ce texte, repérer les trois circonstances pouvant être responsables de maladies nutritionnelles.

Repérer les trois étapes indispensables permettant la nutrition ; en déduire la réponse.

9.2. Des situations très différentes, et parfois paradoxales, comme la famine, les parasitoses intestinales, l'anorexie mentale, le niveau de vie élevé, la phénylcétonurie, le syndrome de glissement du vieillard, la pauvreté, le sida, des atteintes de la muqueuse de l'intestin grêle, sont responsables de troubles nutritionnels. Répartir ces situations selon la classification proposée à la question précédente (circonstances responsables des maladies nutritionnelles).

Faire trois colonnes correspondant aux trois types de troubles nutritionnels repérés en 9.1. (Attention ! l'une des catégories nécessite une subdivision). Répartir les causes citées dans les colonnes correspondantes.

9.3. Le Kwashiorkor, maladie encore fréquente dans les pays en voie de développement, apparaît chez les enfants qui, après sevrage, sont nourris exclusivement avec des bouillies de céréales, souvent à base de maïs fournissant un apport énergétique total à peu près normal.
Les enfants atteints présentent des œdèmes des membres inférieurs ainsi que des bouffissures du visage et des paupières ; l'amaigrissement avec amyotrophie est important mais il est souvent masqué par les œdèmes. Les lésions cutanées (peau sèche, craquelée, dépigmentée) et les troubles digestifs (diarrhées) sont constants. Ces enfants sont craintifs, apathiques, tristes.
La quantité de protides plasmatiques très faible (parfois inférieure à 40 $g.L^{-1}$ de plasma, la quantité normale étant de 70 $g.L^{-1}$) explique l'amyotrophie et les œdèmes dits de carence.
Déduire de ce texte l'étiologie de la maladie, justifier la réponse.

Noter les indications essentielles fournies (population atteinte, aliments consommés...). Confronter ces données aux connaissances sur les apports indispensables à l'organisme à la période de vie concernée. Déduire la réponse et rédiger un texte précisant le type de déficit responsable des signes observés.

10.1. Définir : 1. excès d'apport global et excès d'apport sélectif ;
2. déficit d'apport global et déficit d'apport sélectif.

Présenter les principales conséquences de chacune de ces situations.

Pour chaque situation à étudier, inscrire méthodiquement les principales conséquences et leurs manifestations cliniques.

10.2. Lors d'excès d'apport alimentaire global, la prise de poids et la mesure des plis cutanés permettent d'apprécier la surcharge graisseuse. Des examens paracliniques sont cependant nécessaires pour préciser les principales complications. À l'aide de la question 10.1., déduire les principaux examens paracliniques permettant d'apprécier les conséquences des excès d'apport alimentaire global.

Lister méthodiquement les signes cliniques dus à un excès d'apport énergétique global (10.1.). Inscrire en face de chacun d'eux les méthodes d'exploration utilisables (s'interroger systématiquement sur tous les grands types d'examens : examens de laboratoire, examens d'imagerie diagnostique...).

11. Les mesures diététiques sont très utiles tant à titre préventif qu'à titre curatif.

11.1. Un document du Comité français d'éducation pour la santé présente :

LES 15 SECRETS DE LA CUISINE DU CŒUR
1. De la viande à cinq repas par semaine.
2. De la charcuterie et/ou des frites une fois toutes les deux semaines.
3. Sauces grasses, gras de viande, fritures à éviter.
4. Deux œufs par semaine.
5. Du poisson trois fois par semaine.
6. De la volaille ou du lapin plutôt que les autres viandes.
7. Des céréales tous les jours.
8. Des légumes verts deux fois par jour.
9. Des pommes et fruits frais tous les jours.
10. Des laitages à 20 % de matières grasses de préférence.
11. Pas de repas sans un peu de pain.
12. Beurre en petite quantité ou remplacé par une margarine.
13. Huile d'olive, de tournesol, de soja, de colza en alternance.
14. De l'eau en quantité importante tous les jours.
15. Un verre de vin rouge de temps en temps.

Préciser l'objectif de ce document, puis justifier les conseils donnés.

Pour éviter le commentaire successif des 15 points énumérés qui serait fastidieux et qui conduirait à des répétitions, regrouper les conseils par grandes catégories (ex. : les aliments à diminuer, ceux à éviter, ceux à préférer...), en justifiant les réponses.

11.2. La phénylcétonurie est une maladie héréditaire autosomique, transmise selon le mode récessif, due à un trouble du métabolisme de la phénylalanine, acide aminé

d'origine alimentaire. Elle entraîne, en l'absence de traitement diététique très précoce, une arriération mentale très importante et des troubles neurologiques. Présenter le traitement de la phénylcétonurie : circonstances de mise en route, objectif, durée.
Repérer les indications fournies dans l'énoncé et utiles pour la réponse (quels troubles apparaissent ? quand ? pourquoi ?).

12.1. A l'aide du texte joint, réaliser un tableau récapitulatif présentant les conséquences de l'alcoolisme sur l'appareil digestif (organe atteint, lésions et signes cliniques à court terme, lésions et signes cliniques à long terme), en utilisant les termes médicaux adéquats.

LES ATTEINTES DE L'APPAREIL DIGESTIF LORS DE L'ALCOOLISME CHRONIQUE

Tous les organes de l'appareil digestif sont touchés lors de l'alcoolisme chronique.

Au niveau de la bouche et de l'œsophage rapidement apparaissent des lésions inflammatoires d'où des brûlures le long de l'œsophage ; à long terme le risque de cancers des voies aérodigestives supérieures (VADS) est grand surtout si l'alcool est associé au tabac.

Au niveau de l'estomac, la muqueuse est irritée, d'où d'abord une gastrite aiguë avec douleurs au niveau de l'estomac et difficulté à digérer puis une gastrite chronique : les sécrétions gastriques sont alors remplacées par une substance aqueuse, filante, sans pouvoir digestif qui est vomie le matin au lever. La dyspepsie s'aggrave et une malnutrition s'installe.

Une dégénérescence graisseuse atteint les hépatocytes : le foie est augmenté de volume et mou ; cette lésion est réversible. Dès ce stade quelques signes d'insuffisance hépatique apparaissent ainsi que des douleurs hépatiques. Ensuite l'évolution peut se faire vers la cirrhose, caractérisée par l'association :

- d'une dégénérescence fibreuse du foie avec altération des lobules hépatiques conduisant à une insuffisance hépatocellulaire ;
- d'une hypertension portale due aux nodules de régénération qui bloquent la circulation au niveau des vaisseaux porte.

L'aggravation de l'insuffisance hépatique entraîne des perturbations de tous les métabolismes (lipidique, glucidique, protidique...) ; le malade est asthénique, anorexique et exposé à des complications diverses, certaines pouvant être mortelles.

Les vaisseaux en relation avec le système porte (vaisseaux de l'abdomen et du bas œsophage) se dilatent (circulation collatérale et varices œsophagiennes). Un épanchement séreux intra-péritonéal et/ou des œdèmes des membres inférieurs peuvent apparaître. Des hémorragies (rupture de varices œsophagiennes et gastrorragies) peuvent tuer le sujet.

À long terme, le foie est incapable d'assurer la détoxication du sang, d'où le risque de coma par encéphalopathie hépatique.

Une pancréatite chronique peut aussi se développer, responsable de douleurs épigastriques, parfois de diarrhées par malabsorption digestive et très tardivement de diabète par atteinte du pancréas endocrine.

Préparer un tableau à cinq colonnes, le remplir au fur et à mesure de la lecture du texte. Utiliser le vocabulaire médical correspondant aux expressions traduisant une manifestation pathologique.

12.2. Pour chaque organe atteint, présenter un examen paraclinique permettant de confirmer la lésion et d'en surveiller l'évolution. Définir dans chaque cas l'examen paraclinique, donner son principe et préciser ce qu'il permet de découvrir.

Prolonger le tableau (sur une feuille différente, si nécessaire).
Inscrire, pour chaque organe, les méthodes d'exploration utilisables (s'interroger systématiquement sur tous les grands types d'examens : examens de laboratoire, examens d'imagerie diagnostique...). Faire preuve de logique et de bon sens.

12.3. Définir l'alcoolémie, puis préciser les moyens permettant de la déterminer ; indiquer les avantages et inconvénients de chacun d'eux.

Présenter une réponse claire aux trois parties de la question.

13. Le système nerveux central et le système nerveux périphérique sont très vite lésés lors de l'intoxication alcoolique chronique, ce qui explique les manifestations neurologiques et psychiques observées.

13.1. Définir :
- état d'ébriété ;
- délirium tremens.

13.2. Présenter les principales conséquences de l'alcoolisme sur le système nerveux.

Questions de cours mais faire appel à la logique pour rédiger la réponse.

5 Fonctions rénales néphro-urologie

RAPPELS

Compléter les légendes et donner, pour chacune d'elles, la ou les racine(s) utilisée(s) en terminologie médicale.

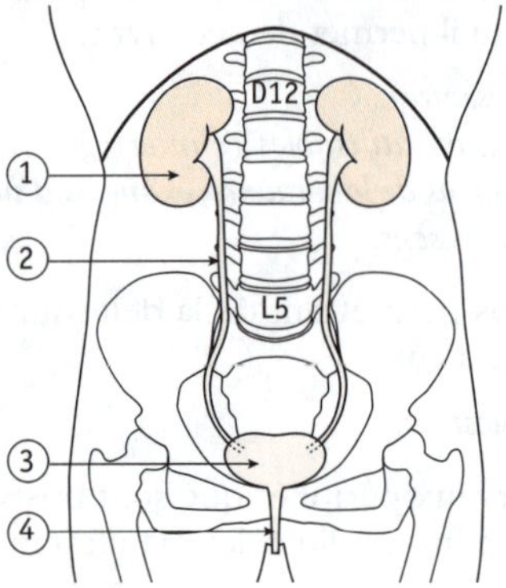

A. Appareil urinaire (face).

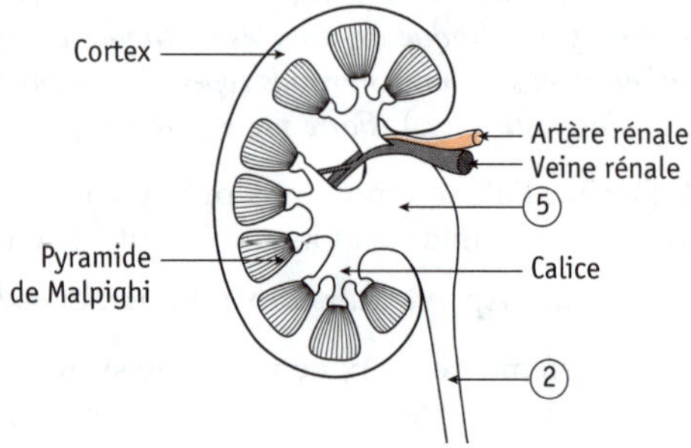

B. Coupe longitudinale de rein.

BIOLOGIE

1. Chaque rein humain est constitué d'environ 1 million d'unités structurales et fonctionnelles. L'une de ces unités et sa riche vascularisation sont représentées ci-contre.

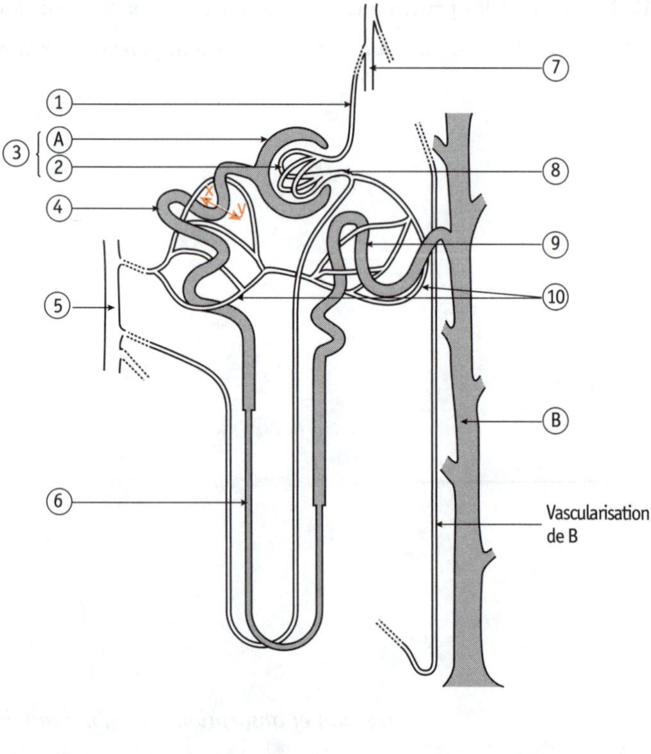

1.1. Indiquer ce que montrent les flèches 1 à 10, donner le nom des parties A et B puis celui de l'unité fonctionnelle représentée.

Question de cours. Être attentif afin de ne rien oublier.

1.2. Préciser le sens de circulation du sang au niveau de la structure représentée.

Étudier le document présenté ci-dessus et s'interroger : d'où vient le sang ? où va-t-il ? Il est possible de s'aider par des flèches en utilisant les couleurs conventionnelles.
Pour rédiger la réponse, citer, en respectant scrupuleusement l'ordre du circuit, le nom précis des vaisseaux empruntés.

2. Le tableau ci-après donne la concentration du glucose et des ions ammonium, d'une part, dans le plasma sanguin, d'autre part, dans les liquides prélevés respectivement dans la structure A (liquide A) et dans la structure B (liquide B).

	PLASMA SANGUIN	LIQUIDE A	LIQUIDE B
Glucose	5,55 mmol.dm^{-3}	5,55 mmol.dm^{-3}	0
Ions ammonium NH_4^+	0	0	50 mmol.dm^{-3}

2.1. Donner le nom des liquides A et B et déduire de l'analyse du tableau ci-dessus le comportement du néphron vis-à-vis du glucose et des ions ammonium.

Attention aux questions multiples : ne pas oublier de réponse.
Nommer le liquide élaboré par les reins et le qualifier selon le niveau de prélèvement.
Comparer ensuite l'évolution des concentrations des deux substances le long du néphron.
Étudier alors, pour chaque substance, les valeurs données deux à deux (plasma/liquide A, liquide A/liquide B), noter les variations et leur sens. En déduire des fonctions propres au néphron et préciser dans quelle partie de celui-ci elles s'exercent.
Conduire la réflexion à l'aide d'un tableau à deux colonnes : Observations (résultats de la lecture du tableau) - Déductions (fonction rénale correspondante).

2.2. **a.** Sachant que le volume de liquide traversant l'ensemble des structures A des deux reins s'élève à 180 dm^3 en 24 heures et qu'il contient au total 1 044 mmol d'urée, calculer la concentration molaire de l'urée dans le liquide A.

Se rappeler qu'une concentration correspond à la quantité de matière dissoute (soluté) dans une unité de volume de la solution.
Effectuer le calcul selon les règles apprises en cours de chimie.

b. Sachant que le volume de liquide traversant l'ensemble des structures B des deux reins est en moyenne de 1,5 dm^3 en 24 heures et qu'il contient au total 549 mmol d'urée, calculer la concentration molaire de l'urée dans le liquide B.
c. Comparer les quantités d'urée passant par les structures A et B des deux reins ; sachant que l'azotémie est de 5,8 mmol.L^{-1}, comparer les concentrations molaires en urée du plasma et des liquides A et B ; en déduire le rôle du néphron vis-à-vis de l'urée.

Bien suivre la démarche proposée :
- *comparer les variations et leur sens pour les quantités (nombre de moles) d'urée traversant l'ensemble des structures A et B en 24 heures et pour les concentrations dans les différents compartiments étudiés ;*
- *déduire, après chaque comparaison, la fonction mise en évidence et s'interroger sur la conformité du résultat avec ce qui a été vu en cours.*

3. À partir d'une coupe transversale xy localisée sur le document présenté à l'exercice n° 1, on obtient une électronographie d'une partie de cellule schématisée sur le document ci-après.

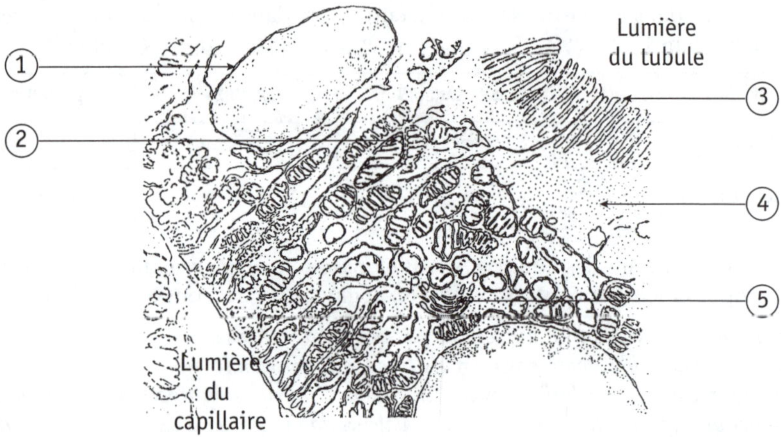

3.1. Donner le nom de la zone observée en xy et indiquer ce que montrent les flèches 1 à 5.

Indiquer le lieu de la coupe. Analyser les termes de la question pour bien comprendre la nature du document à étudier :
- *« électronographie », c'est-à-dire image obtenue à l'aide du microscope électronique (se remémorer l'apport du microscope électronique pour l'étude des détails cellulaires) ;*
- *« une partie de cellule schématisée », il faut donc chercher la réponse parmi les différents éléments de l'ultrastructure cellulaire ; ceci a été vu en seconde puis en première et doit être parfaitement connu.*

3.2. Expliquer le rôle de la structure légendée 3 sur le schéma ci-dessus dans le fonctionnement des cellules observées.

Question de cours. Il est possible, pour avoir une idée générale du rôle de la structure 3, de mobiliser des connaissances acquises en d'autres occasions et se rapportant à une structure semblable (ex. : entérocytes). Ne pas se contenter de généralités, mais préciser l'intérêt de cette structure dans le fonctionnement des cellules observées.
Construire une réponse en utilisant des termes adaptés.

3.3. Si on soumet les cellules rénales d'un animal à l'action d'un inhibiteur de l'utilisation du dioxygène, on constate la présence de glucose dans l'urine définitive, les concentrations de cette substance dans le plasma et dans l'urine primitive étant inchangées

a. Expliquer la présence de glucose dans l'urine définitive.

Repérer, dans l'expérience, ce qui a changé pour les cellules, le plasma et les urines primitive et définitive. Si l'exercice 2. a été réalisé, reprendre l'étude sur le glucose (2.1.). Mobiliser les connaissances. Rédiger la réponse en utilisant des termes précis et adaptés.

b. Cette expérience met en évidence l'importance de l'une des structures légendées à la question 3.1. Laquelle et pourquoi ?

Reprendre l'électronographie et rechercher, parmi les structures légendées, celle qui est indispensable à la réalisation du phénomène précédemment décrit.

4. Les courbes ci-dessous traduisent le mécanisme de l'élimination urinaire des ions hydrogénocarbonates (HCO_3^-).

Variations des débits en fonction de la concentration plasmatique en HCO_3^-.

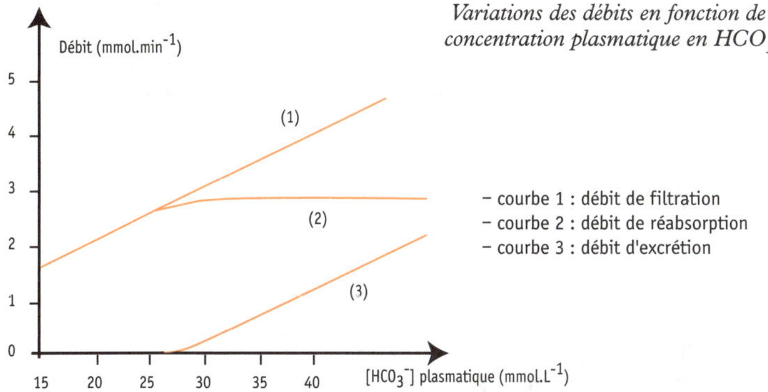

4.1. À partir de ces courbes, déterminer la capacité maximale de réabsorption par le rein des ions hydrogénocarbonates. Justifier la réponse.

Ne pas se laisser dérouter par la nouveauté de l'étude : ces courbes, qui mettent en parallèle les débits de filtration, de réabsorption et d'excrétion (en $mmol.min^{-1}$), s'analysent comme celles étudiées en cours à propos du glucose.
Se souvenir que la capacité maximale de réabsorption s'exprime en $mmol.min^{-1}$.
Choisir la bonne courbe, repérer sur l'axe convenable la valeur demandée et la lire le plus précisément possible en utilisant une règle graduée.

4.2. La concentration plasmatique en ions hydrogénocarbonates d'un sujet est de 21 $mmol.L^{-1}$. Indiquer si un dosage effectué sur les urines de 24 heures de ce sujet révèle la présence d'ions hydrogénocarbonates. Justifier la réponse.

Déterminer, à l'aide des courbes et des déductions du 4.1., la concentration plasmatique en HCO_3^- à partir de laquelle la capacité maximale de réabsorption est atteinte. Déduire *la réponse en comparant cette valeur à celle obtenue lors de l'analyse d'urine.*

5. Suivant les circonstances, l'organisme peut être mis en état de surcharge hydrique ou en état de déshydratation, ce qui modifie la volémie et la pression osmotique du milieu intérieur. Divers mécanismes interviennent alors pour rétablir l'équilibre hydrominéral du milieu intérieur.

5.1. On met un animal en état de surcharge hydrique en lui faisant absorber rapidement un litre d'eau au temps t = 0 ; on mesure alors trois paramètres en fonction du temps. Les courbes ci-après traduisent les résultats obtenus pour la volémie (1), la pression osmotique du plasma (2), le débit urinaire (3).

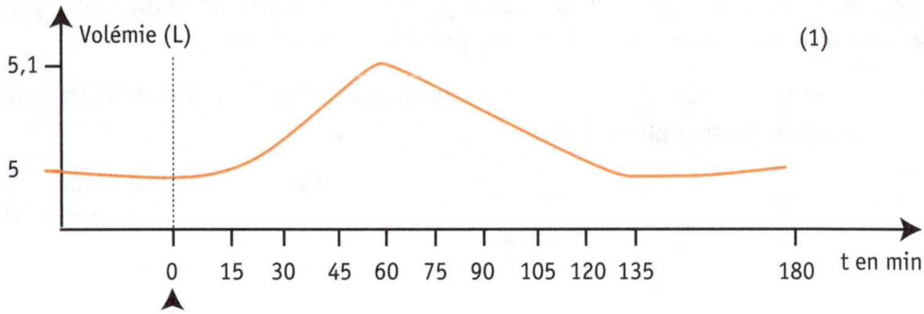

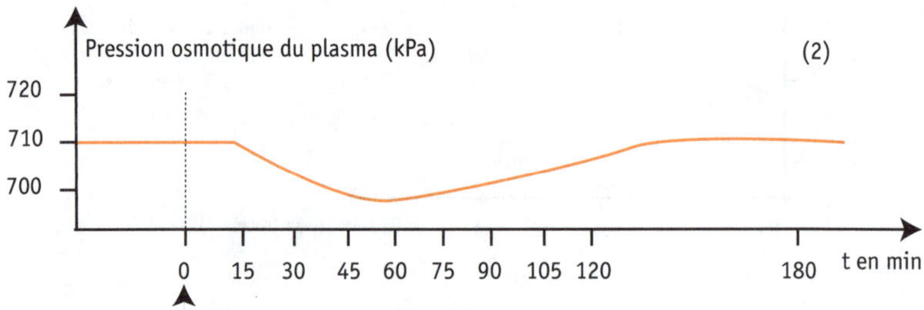

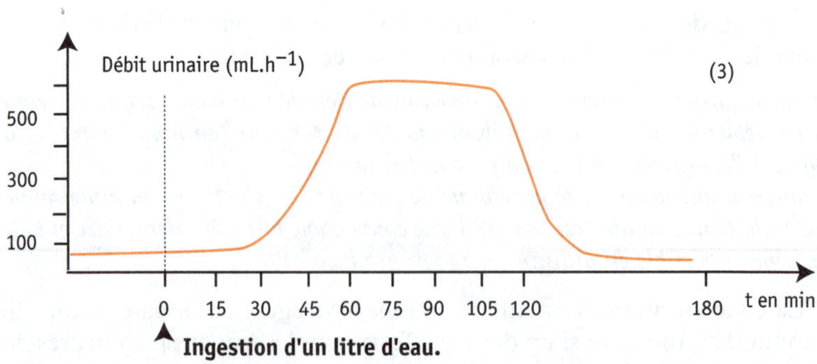

Analyser et interpréter les courbes (1), (2) et (3) en précisant les relations qui existent entre les variations des différents paramètres.

Rechercher, pour chacune des courbes, les phases de variation des paramètres étudiés. Noter le début et la fin de chaque phase ainsi que le sens des variations puis donner une explication simple du phénomène observé. Mettre en relation les variations des trois courbes. Possibilité de réaliser un tableau : Observations et Interprétations.
Regrouper les observations et faire une synthèse logique des interprétations.

5.2. En utilisant les observations faites en 5.1. et les connaissances acquises, expliquer le principal mécanisme de régulation de la diurèse.

Question de cours à illustrer et à développer à l'aide des observations précédentes.
Si nécessaire, noter rapidement les mots clés qui viennent à l'esprit à la lecture de l'énoncé. (Qu'appelle-t-on mécanisme de régulation ? Comment interpréter le délai de réaction ? Quels sont les organes impliqués ?).
Ordonner les connaissances et les adapter au cas étudié (ici, augmentation de la diurèse).
Rédiger la réponse de façon claire (phrases courtes) et en utilisant un vocabulaire précis.

6. Les glandes surrénales sont des glandes endocrines localisées au-dessus des reins. Pour déterminer le rôle de ces glandes dans la régulation de l'homéostasie, on effectue, d'une part, sur des rats témoins et, d'autre part, sur des rats ayant subi une surrénalectomie bilatérale, des dosages sanguins et urinaires dont les résultats sont consignés dans le tableau ci-dessous.

	PLASMA		URINE	
Dosage\Animal	**Témoin**	**surrénalectomisé**	**Témoin**	**surrénalectomisé**
Na^+ ($mmol.L^{-1}$)	143	130	217	282
Diurèse (L/24 h)			0,3	polyurie
pH	7,35	7,20	5	6

6.1. Analyser les résultats du tableau concernant les ions sodium (Na^+).

Être attentif aux conditions de l'étude ainsi qu'aux liquides étudiés.
Répondre en utilisant les données du tableau : ne pas se contenter de réciter le cours.

6.2. Préciser le nom et le rôle de la substance d'origine corticosurrénalienne qui règle l'excrétion urinaire des ions sodium, puis indiquer à quel(s) niveau(x) du néphron elle agit.

6.3. En utilisant les connaissances acquises, montrer, au moyen d'une expérience complémentaire de celle effectuée ci-dessus (6.), que la substance qui règle l'excrétion urinaire des ions sodium est bien d'origine endocrine.

Lister les expériences de mise en évidence d'un mécanisme endocrine de régulation.
S'interroger : sous quelle forme et par quelle voie introduire dans l'organisme la substance active ? Quels effets seront observés en cas de surdosage ? Faire appel à la logique.

Remarque : les questions 6.4. et 6.5. abordent des thèmes non explicités dans le référentiel ; elles sont cependant accessibles et constituent un bon entraînement à l'application de connaissances et à la mise en œuvre de méthodes de réflexion.

6.4. Expliquer pourquoi l'animal surrénalectomisé présente une polyurie .

Définir le terme. Mettre en relation la situation proposée et les résultats analysés précédemment. Proposer, à l'aide des connaissances de base, une explication logique.

6.5. En cas d'ablation des glandes surrénales, on constate une variation des pH sanguin et urinaire (cf. tableau). Sachant qu'au niveau du tubule rénal la réabsorption des ions sodium est couplée à la sécrétion des ions hydronium ou oxonium : H_3O^+, expliquer ces variations.

Relire le tableau et noter le sens et l'importance des variations du pH sanguin et du pH urinaire. Adapter les données de l'énoncé à la situation. Relier ces résultats et en déduire la réponse.

7. La formation de l'urine commence par la filtration glomérulaire dont le débit (ou taux) est proportionnel à la pression efficace de filtration.
Des mesures de pressions ont été effectuées, dans les conditions normales de fonctionnement rénal, sur les liquides contenus dans les structures légendées 2 et A sur le document présenté à l'exercice n° 1. Elles sont rassemblées dans ce tableau.

	Liquide de la structure 2	Liquide de la structure A
Pression hydrostatique	6,9 kPa	1,3 kPa
Pression oncotique	4,1 kPa	0,0 kPa

7.1. Nommer les liquides contenus dans les structures 2 et A.
Définir la pression oncotique et expliquer sa valeur dans le liquide de la structure A.

Tenir compte du niveau de prélèvement pour nommer avec précision les liquides.
Rappeler à quel phénomène est liée la pression oncotique ; préciser quel type de molécule en est responsable.

7.2. Définir la pression efficace de filtration et calculer sa valeur à partir des données du tableau.

Étudier chaque terme de l'expression à définir. Classer les différentes pressions en jeu suivant l'effet qu'elles exercent sur le phénomène étudié.
Donner le principe du calcul (formule) puis l'appliquer aux valeurs proposées.

7.3. La valeur normale du débit de filtration glomérulaire est de l'ordre de 125mL.min.$^{-1}$. Elle peut fortement diminuer voire s'annuler, par exemple à la suite d'une hémorragie importante et brutale. Expliquer cette variation. Indiquer l'effet de la présence de calculs (lithiase rénale) obstruant un uretère sur le débit de filtration glomérulaire dans le rein correspondant ; justifier la réponse.

Être attentif au libellé de la question : débit et non pression ; retrouver la liaison entre les deux dans l'énoncé du sujet.
Rechercher ce que modifie l'hémorragie ; s'aider de la réponse à la question précédente.
En tirer une explication pour la variation observée.
Même recherche dans le cas du calcul rénal ; en déduire l'effet sur la valeur du débit de filtration glomérulaire.

TERMINOLOGIE

1.1. Définir les termes suivants : 1. néphropathie ; 2. dysurie ; 3. anurie ; 4. glycosurie ; 5. cystite ; 6. néphrectomie ; 7. pyélotomie ; 8. urétérostomie.

Décomposer chaque terme en préfixe, racine et suffixe. Donner ensuite une définition simple mais complète des termes proposés.

1.2. Énumérer et définir chacun des préfixes, racines et suffixes, utilisés dans les termes proposés ci-dessus, puis définir un nouveau terme le comprenant.

Répertorier et définir les préfixes, racines et suffixes découverts dans la question précédente (ne les citer qu'une seule fois). Construire avec chacun d'eux un nouveau terme simple, mais bien vérifier que le terme proposé correspond à quelque chose de logique et/ou de compatible avec la vie.

2. Distinguer : 1. néphrologie et urologie ; 2. uricémie et azotémie ; 3. polyurie et pollakiurie ; 4. lithiase et lithotritie ; 5. hémodialyse et greffe rénale ; 6. uricurie et uricosurie.

Étudier les termes deux à deux en décomposant chaque terme de la paire proposée en préfixe, racine et suffixe, pour faciliter la découverte de leur signification. Écrire avec précision la définition de chaque terme. Rechercher ensuite les points communs et/ou les éléments distincts existant entre ces termes.

3. Donner le terme médical correspondant aux définitions suivantes :
1. ouverture chirurgicale de la vessie ; 2. examen paraclinique ayant pour but la recherche de germes dans les urines ; 3. douleur au niveau de la vessie ; 4. substance augmentant la sécrétion urinaire ; 5. dilatation du bassinet ; 6. diurèse des 24 heures inférieure à la normale ; 7. absence d'émission d'urine ; 8. endoscopie de la vessie ; 9. abouchement des uretères au côlon ; 10. concentration en urée dans le sang supérieure à la normale.

Utiliser les connaissances d'étymologie médicale et, éventuellement, exploiter les réponses des questions précédentes. Être attentif à l'orthographe des termes.

4. Après avoir défini les cinq termes : glycosurie, hématurie, natriurie, protéinurie, pyurie dont quatre d'entre eux présentent un point commun, repérer celui qui diffère des autres et justifier la réponse.

Décomposer les termes à l'aide de l'étymologie puis les définir. Repérer, pour chacun d'eux, le milieu concerné et la substance étudiée, puis s'interroger sur sa nature et sa présence (habituelle ou non) dans le liquide étudié. Déduire la réponse et la rédiger en mettant en évidence la recherche effectuée.

PHYSIOPATHOLOGIE

L'exploration fonctionnelle d'un appareil ou d'un organe correspond à l'ensemble des examens paracliniques permettant d'apprécier son état de fonctionnement et de mettre en évidence les causes des perturbations éventuelles.
Les reins jouent :

- un rôle endocrine : sécrétion d'érythropoïétine stimulant la formation des érythrocytes dans la moelle osseuse, de rénine augmentant la pression artérielle, du métabolite actif de la vitamine D agissant sur l'absorption intestinale du calcium ;
- un rôle dans le maintien de la constance du milieu intérieur grâce à l'élimination des déchets et à la régulation de l'équilibre hydro-électrolytique et acidobasique.

Ils peuvent être atteints, comme n'importe quel organe, par divers processus pathologiques (par exemple des tumeurs, des infections…) localisés à différents niveaux du néphron ou au niveau du tissu interstitiel (parenchyme).
Faire l'inventaire des examens constituant l'exploration fonctionnelle rénale ; les définir et montrer l'intérêt de chacun d'eux.

Lire plusieurs fois, si nécessaire, la définition donnée. Ensuite, lister dans un premier temps l'ensemble des examens paracliniques vus en cours en ayant soin de les regrouper par « grands procédés » (ex. : examens biologiques, examens d'imagerie diagnostique au moyen des RX, des ultrasons…, examens endoscopiques…).
Repérer dans le texte du sujet les principaux rôles des reins ; les inscrire sous forme d'énumération en notant deux ou trois exemples correspondant à chacune des fonctions inscrites.
Reprendre méthodiquement cette deuxième liste et s'interroger sur la possibilité et l'intérêt lors de l'exploration de la fonction d'utiliser les examens énumérés dans la première liste. L'examen x est-il réalisable sur le rein ? Permet-il d'explorer la fonction y ? Si oui, par quel terme est-il désigné ? Pour chaque rôle des reins, passer tous les examens en revue et rédiger la réponse avant d'aborder le suivant.

Homéostasie : régulation de la glycémie - Processus traumatique

RAPPELS

Distinguer parmi les appareils et organes suivants : appareil génital féminin, appareil cardiovasculaire, rein, appareil respiratoire, système nerveux central, appareil locomoteur, foie, yeux, rectum et anus, ceux qui assurent une fonction vitale, puis pour tous les appareils et organes cités, donner le terme désignant la spécialité médicale ou chirurgicale correspondante.

Pour chaque appareil, se demander s'il est indispensable à la vie ; autrement dit : peut-on l'enlever ? une atteinte sévère provoque-t-elle la mort ? Repérer l'organe essentiel dont la racine est souvent utilisée pour désigner la spécialité médicale, ne pas oublier la spécialité chirurgicale si elle existe. Présenter les réponses dans un tableau.

BIOLOGIE

1. Pour dépister certains troubles de la régulation de la glycémie, on effectue une épreuve de tolérance au glucose (hyperglycémie provoquée par voie orale). Pour cela, on fait ingérer à un sujet à jeun au début de l'épreuve (temps 0), 50 g de glucose en solution dans de l'eau, puis on mesure la glycémie G et la glycosurie U, sur des prélèvements de sang et d'urine effectués toutes les 30 minutes. Deux adultes sont soumis à une épreuve d'hyperglycémie provoquée. Les résultats des analyses sont rassemblés dans le tableau ci-après.

Temps en minutes		0	30	60	90	120	150	180	210	240	270
Adulte A	G ($mmol.L^{-1}$)	5,5	7,9	8,4	6,8	6,1	5,0	5,3	5,4	5,5	5,5
	U ($mmol.L^{-1}$)	0	0	0	0	0	0	0	0	0	0
Adulte B	G ($mmol.L^{-1}$)	8,3	10,0	15,6	15,6	14,4	13,5	12,2	11,4	10,6	10,4
	U ($mmol.L^{-1}$)	0	11,1	33,4	39,0	38,9	36,1	27,8	26,7	19,5	18,9

1.1. Commenter les résultats des mesures de la glycémie ; en déduire si l'un des sujets présente un trouble de la glycorégulation et, si oui, donner le nom de la pathologie suspectée.

Pour chaque sujet, noter le sens, l'amplitude et la durée des variations du paramètre étudié. Confronter ces résultats aux notions théoriques sur la régulation de la glycémie par l'organisme et en tirer une conclusion logique.

1.2. Déduire des valeurs de la glycosurie une confirmation de la réponse donnée à la question précédente. Dégager l'intérêt de l'épreuve d'hyperglycémie provoquée.

Confronter le résultat des mesures pour chaque adulte à ce qui est connu sur l'intérêt médical de la mesure de la glycosurie. Se rappeler les conditions alimentaires à respecter avant une prise de sang effectuée en vue des examens biologiques cités. Faire preuve de bon sens.

1.3. Expliquer, à partir de l'ensemble des résultats présentés dans le tableau ci-dessus, le rôle joué par les reins vis-à-vis du glucose et de la glycémie.

Noter la valeur la plus élevée de la glycémie pour laquelle il n'y a pas de glycosurie et celle à partir de laquelle il y a glycosurie. Faire, dans chaque cas, le lien avec le fonctionnement rénal. Conclure sur le rôle du rein dans la régulation de la glycémie.

2.1. L'hépatectomie chez l'animal entraîne d'abord une chute de la glycémie, puis un état comateux et enfin la mort en quelques heures. L'administration de glucose par voie veineuse à l'animal comateux permet un retour à un état normal en quelques secondes mais le coma réapparaît dès que la glycémie est à nouveau très basse. Déduire de cette expérience l'une des fonctions importantes du foie.

Étudier attentivement les conséquences des traitements subis par l'animal. Conduire la réflexion à l'aide d'un tableau à deux colonnes : Observations - Déductions.

2.2. On mesure la glycémie dans le sang de la veine porte et dans le sang des veines sus-hépatiques d'un animal, d'abord à la fin d'un jeûne de 12 heures puis 2 heures après un repas. Les résultats des glycémies figurent dans le tableau suivant.

	Glycémie portale en $mmol.L^{-1}$	Glycémie sus-hépatique en $mmol.L^{-1}$
À jeun depuis 12 h	3,8	5,6
2 heures après le repas	41,3	7,7

Expliquer, à partir des résultats de cette expérience, le rôle du foie ainsi mis en évidence. Préciser le mode de régulation de cette fonction hépatique en tenant compte de l'état de l'animal au cours de l'expérience.

Analyser les conditions et les résultats de l'expérience puis faire le lien avec le cours.

2.3. Définir l'homéostasie puis, en choisissant comme exemple la régulation de la glycémie, montrer son importance.

Question de cours. Utiliser les notions dégagées dans les questions précédentes.

3.1. Compléter les légendes du document présentant la structure histologique du pancréas et préciser la fonction des zones A et B.

Coupe histologique de pancréas (× 1500).

Question de cours. S'aider de l'aspect schématique des structures à légender.

3.2. Le diabète pancréatique est caractérisé par une hyperglycémie accompagnée d'une glycosurie. En cas de diabète de type I, ou diabète maigre, qui atteint des sujets en général jeunes et qui, sans traitement substitutif, entraîne la mort du malade, une biopsie de pancréas révèle qu'un certain type de cellules a été détruit définitivement.
Expliquer le lien qui existe entre les signes biologiques du diabète et les anomalies histologiques observées sur le pancréas des malades atteints de diabète de type I.

S'interroger : quelle substance peut s'opposer à l'hyperglycémie ? Quel organe la produit ? Grâce à quelles cellules ? S'aider de la réponse à la question précédente.

3.3. Le traitement substitutif du diabète de type I nécessite l'injection sous-cutanée (ou IM) d'une molécule active. Le malade apprend à évaluer lui-même, après mesure de sa glycémie sur une goutte de sang, les quantités à injecter qui dépendent en particulier de son alimentation (qualité, quantité, fréquence) et de son activité physique.
a. Nommer la molécule active et énoncer ses principales actions cellulaires.
Question de cours. Rappeler le nom et le mécanisme d'action de la molécule utilisée pour traiter le diabète de type I.

b. Commenter les indications fournies sur le traitement à partir des deux exemples suivants : le malade est invité à un repas de fête, le malade lycéen suit normalement les activités sportives prévues dans son emploi du temps.
Mettre en relation la réponse à la question précédente, la mise en œuvre du traitement (3.3.) et les situations concrètes proposées.

c. Justifier l'impossibilité d'administrer le traitement par voie orale.
Se rappeler la nature chimique de la molécule et le devenir d'une substance ingérée.

4.1. Pour étudier les dispositifs physiologiques de lutte contre l'hypoglycémie, on effectue des observations dont les conditions et les résultats sont résumés ci-dessous :
- a) L'alloxane est une molécule chimique qui détruit sélectivement les cellules pancréatiques sécrétrices d'insuline. Si on injecte à un animal sain une solution préparée à partir d'un extrait de pancréas traité à l'alloxane, on déclenche chez cet animal une hyperglycémie.
- b) Lors d'un exercice musculaire intense ou dans une situation de stress important, on observe une élévation rapide des concentrations sanguines du glucose et des acides gras libres. La même réponse est obtenue par la stimulation du système nerveux sympathique médullaire mais elle disparaît après médullosurrénalectomie.
- c) Une tumeur corticosurrénalienne s'accompagne des signes de diabète pancréatique et d'un amaigrissement avec amyotrophie ; des examens biochimiques mettent en évidence une augmentation de la néoglucogenèse hépatique et une hyperinsulinémie.
- d) L'injection par voie veineuse d'extrait thyroïdien chez un animal sain provoque une hyperglycémie. Des dosages, avant et après l'injection, montrent que les concen-

trations du glycogène hépatique et du glycogène musculaire diminuent.

• e) Le dosage dans le sang de l'hormone somatotrope (ou STH ou GH) d'origine anté (ou adéno)-hypophysaire montre que la concentration sanguine en cette hormone augmente en cas d'hypoglycémie et diminue à la suite d'une hyperglycémie. À partir de ces observations, dégager les principaux mécanismes de la lutte contre l'hypoglycémie puis préciser le nom et la nature chimique des hormones mises en jeu.

Analyser chaque situation pour en déduire la glande concernée et l'effet qu'elle exerce. Nommer dans chaque cas l'hormone active et indiquer sa nature chimique. Rassembler les déductions dans une conclusion générale.

4.2. À la suite d'une hypophysectomie, la thyroïde et les corticosurrénales s'atrophient ; de plus, l'animal opéré ne corrige qu'imparfaitement une hypoglycémie. Expliquer le rôle complexe de l'hypophyse dans la régulation de la glycémie.

Utiliser les réponses à la question précédente et faire preuve de bon sens.

TERMINOLOGIE

1. Définir les expressions et termes suivants : 1. arthrose ; 2. fracture ; 3. luxation ; 4. fonction vitale ; 5. cal osseux ; 6. ostéosynthèse ; 7. prothèse ; 8. anesthésie ; 9. paraplégie ; 10. position antalgique.

Décomposer chaque terme en préfixe, racine et suffixe. Donner une définition simple mais complète de chaque terme ou expression.

2. Trouver le terme ou l'expression correspondant aux définitions suivantes : 1. collection de sang entre la boîte crânienne et la dure-mère ; 2. ponction de liquide céphalo-rachidien ; 3. absence de réflexe ostéotendineux ; 4. rééducation fonctionnelle par les mouvements ; 5. processus dégénératif au niveau des vertèbres cervicales ; 6. os de la cuisse ; 7. troubles de la sensibilité à type de picotements, fourmillements… ; 8. incoordination des mouvements sans perte de la force musculaire ; 9. paralysie légère ; 10 fait de voir deux images pour un seul objet.

Utiliser les connaissances d'étymologie et éventuellement exploiter les réponses précédentes. Être attentif à l'orthographe.

3. Comparer : 1. rhumatologie et traumatologie ; 2. cyphose et lordose ; 3. myalgie et amyotrophie ; 4. arthrographie et arthroscopie ; 5. hydarthrose et arthrocentèse ; 6. ostéolyse et ostéomyélite ; 7. spondylite et spondylarthrite ; 8. myorelaxant et antalgique ; 9. ostéome et ostéosarcome ; 10. ostéite et myosite.

Décomposer chaque terme puis écrire la définition précise. Rechercher ensuite les points communs et/ou les éléments distincts entre chaque terme de la paire proposée.

4. La notion de quantité est traduite par : peu, pas assez, moins, rare ; beaucoup, plusieurs, plus, trop, abondant ; absence, privation ; tout ; un nombre : un, deux, trois, quatre… Trouver les préfixes, suffixes ou racines exprimant la quantité ou le nombre et illustrer chaque réponse par un terme qui sera défini.

Attention ! il existe plusieurs réponses pour une même notion ; choisir, dans chaque cas, un exemple simple, d'usage courant.

PHYSIOPATHOLOGIE

1. Un traumatisme physique peut être plus ou moins grave. Les principaux facteurs de gravité sont : la topographie des lésions, l'importance du traumatisme, l'âge du sujet et son état de santé antérieur à l'accident.
Illustrer chaque facteur cité ci-dessus dans le cas des fractures de la colonne vertébrale.

Préciser d'abord quelle est l'atteinte, où elle se situe, quelles sont les conséquences possibles, dans quel contexte elle se produit ; reprendre chaque facteur de gravité cité et sélectionner les éléments de la recherche précédente s'y rapportant.
Rédiger une réponse claire en trois paragraphes.

2. Les signes cliniques dus à un traumatisme dépendent de la nature et de la violence de celui-ci, de l'âge de l'accidenté, de la topographie des lésions et de leur type (fracture, luxation...). On distingue des signes correspondant à des lésions locales, au niveau de la zone atteinte, mais parfois aussi des signes révélant les conséquences du traumatisme sur l'homéostasie de l'organisme.

2.1. Classer les signes énumérés ci-dessous en signes révélateurs d'une atteinte locale et en signes correspondant à une perturbation de l'homéostasie de l'organisme : gonalgie lors d'une fracture du genou, hémorragie extériorisée, état de choc, impotence fonctionnelle, ecchymose, coma, hématome, tétraplégie, pyrexie (dans le cas d'une septicémie), hypothermie (en cas d'atteinte du bulbe rachidien), tachycardie, paraplégie.

Rechercher la signification de chaque terme ou expression. Tenir compte du contexte et des conséquences de la lésion pour répondre à la question.

2.2. Déduire, en utilisant l'énoncé précédent (2.1.), les examens paracliniques indispensables en cas de traumatisme et préciser le but de chacun d'eux.

Lister les signes précédents, ensuite se poser la question : quel(s) examen(s) permet(tent) de confirmer, visualiser, mesurer ce signe ? Noter l'examen ou les examens à côté du signe. Présenter une réponse claire en regroupant les examens paracliniques listés soit selon leur but (pour confirmer la lésion, pour en apprécier les conséquences...) soit par grands types d'examens (endoscopiques, radiologiques...).

2.3. Le traitement d'un traumatisme a pour but :
- de maintenir la vie du sujet accidenté ;
- de calmer la douleur et de traiter la lésion (ex. : fracture, luxation, plaies, brûlures...) ;
- d'éviter les complications à court terme (ex. : infections, escarres, thromboses et embolies...) et les séquelles (fonctionnelles, psychologiques...).

Préciser les moyens thérapeutiques à mettre en œuvre pour obtenir ces résultats.

Lister les objectifs du traitement (3 ou 4 selon la présentation choisie) et, en face de chacun d'eux, noter les principaux moyens thérapeutiques efficaces ; utiliser les exemples cités pour trouver et justifier les réponses.

3. En utilisant le texte ci-dessous, réaliser un tableau permettant de comparer état de choc et coma.

On appelle **coma** la perte de la conscience, de la vigilance et de la vie de relation.
Les comas peuvent être de courte durée ou prolongés, avec ou sans troubles neurovégétatifs (ex. : troubles respiratoires et/ou cardiaques, dysrégulation de la thermogénèse) ou complications (vasculaires et/ou infectieuses et/ou nutritionnelles).
Les étiologies sont nombreuses : origine neurologique (ex. : lésions du tronc cérébral ou de l'encéphale), métabolique (ex. : anoxie, hypoglycémie), toxique (ex. : alcoolisme, intoxication aux barbituriques). Très souvent plusieurs causes sont associées, par exemple hypoxie, déshydratation et troubles métaboliques sévères en cas d'infection respiratoire grave ou en cas d'encéphalopathie endocrinienne.
Les enregistrements électroencéphalographiques permettent d'apprécier la profondeur du coma et d'en surveiller l'évolution. On distingue quatre stades de gravité lors d'un coma : le stade I correspondant au coma vigile, le stade II caractérisé par un état de somnolence permanent, le stade III ou coma profond dit carus, le stade IV ou coma dépassé (EEG plat). D'autres évaluations du coma, plus récentes, sont fondées sur les réponses oculaires, verbales et motrices aux excitations.
La profondeur du coma et sa durée dépendent de la cause mais le pronostic est toujours réservé car la mort ou des séquelles cérébrales importantes sont toujours possibles.

L'état de choc correspond à une diminution aiguë, importante et durable de la perfusion tissulaire avec un retentissement sur les apports nutritionnels cellulaires tel que l'homéostasie de l'organisme est perturbée. Sans un traitement immédiat l'état de choc devient irréversible et conduit à la mort.
On distingue :
- les états de choc cardiogéniques, liés à une inefficacité soudaine de la pompe cardiaque (ex. : cas d'un infarctus du myocarde grave, d'une embolie pulmonaire) ;
- les états de choc hypovolémiques, dus par exemple à une hémorragie importante ou à une réaction anaphylactique…

Les signes cliniques sont très caractéristiques : le sujet, le plus souvent agité et angoissé, parfois somnolent, est pâle et présente des sueurs froides abondantes. La face antérieure de ses genoux est froide de même que ses mains, ses pieds, son nez, ses pommettes et ses oreilles ; rapidement apparaissent des marbrures violacées. Une oligurie, voire une anurie, s'installe. À l'examen le médecin constate une tachycardie, un pouls filant et une hypotension artérielle.
Le malade doit être transféré en urgence dans un service de réanimation.

Lire attentivement le texte en repérant les différents éléments de comparaison.

Mécanismes de l'immunité - Processus infectieux et parasitaire 7

RAPPELS

Donner la localisation anatomique correspondant aux situations pathologiques suivantes : 1. plaie située à l'extrémité distale du membre supérieur, 2. palpation de ganglions axillaires, 3. céphalées, 4. otite, 5. points douloureux dans la région inguinale, 6. inflammation oculaire, 7. douleur brachiale.

BIOLOGIE

1.1. Compléter les légendes du document ci-contre en les regroupant en deux catégories :
A : organes et tissus lymphoïdes primaires ;
B : organes et tissus lymphoïdes secondaires.
Préciser la fonction de chaque groupement.

Question de cours : la connaissance de ces données est indispensable. Ne rien oublier.

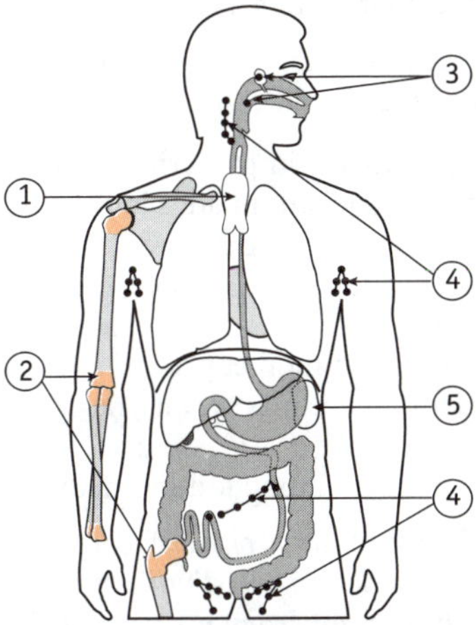

1.2. Les schémas du document ci-après représentent la transformation d'un macrophage en cellule présentant l'antigène ou CPA. Compléter les légendes et ordonner ces schémas en résumant chaque étape.

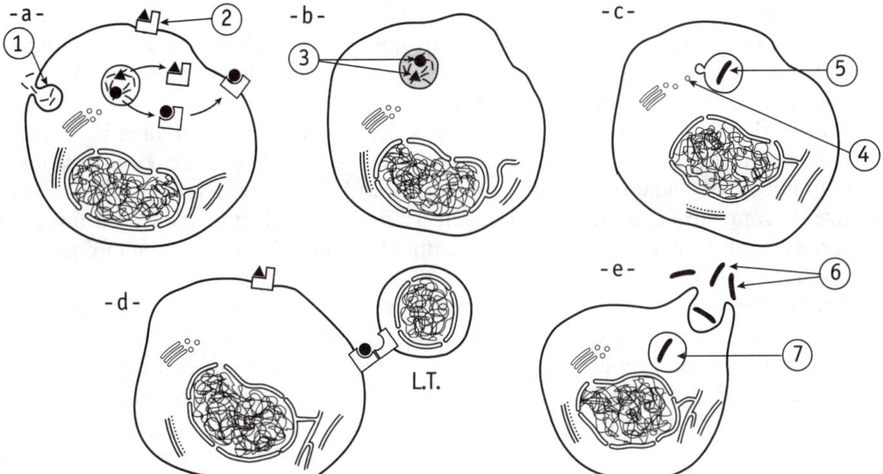

Observer les schémas avec attention et repérer les phénomènes étudiés en classe de première (endocytose et exocytose) ; s'aider des légendes à compléter pour classer logiquement ces schémas et les commenter.

2. Un malade se plaint de douleurs à la déglutition (dysphagie). Sa muqueuse pharyngée et ses amygdales sont rouges. La palpation des ganglions cervicaux révèle une adénomégalie due à une adénite.
Citer les différentes barrières franchies par les agents pathogènes puis expliquer le rôle protecteur de ces barrières en reliant les symptômes présentés par le malade aux troubles dus à leur franchissement.

Question de cours ; organiser la réponse en adaptant les connaissances au cas proposé. Respecter l'ordre logique d'apparition des réactions.

3. Le médecin prescrit à un patient présentant une infection digestive un traitement associant un antibiotique bactéricide à large spectre et un médicament sur la fiche duquel on peut lire :

• Indications : traitement et prophylaxie des accidents digestifs liés à l'antibiothérapie.

• Administration et précautions d'emploi : voie orale. Ce médicament, constitué de micro-organismes vivants, ne doit pas être mélangé avec un liquide ou un aliment trop chaud (+ de 50 °C) ou glacé.

Expliquer la fonction du médicament prescrit en association avec l'antibiotique.

S'interroger sur le principe d'action d'un antibiotique, le sens de l'expression «large spectre», l'apport des conseils d'utilisation sur la nature et le rôle du médicament associé. Relier ces recherches aux connaissances sur le contenu habituel du tube digestif.

4. Le tétanos est une maladie grave due à l'action sur les centres nerveux d'une exotoxine sécrétée par des bacilles tétaniques provenant de spores qui germent au niveau d'une plaie souvent minime mais profonde. Cette toxine neurotrope provoque des contractures musculaires, en particulier au niveau des muscles respiratoires ce qui peut entraîner la mort (environ 90 cas annuels en France). La toxine, additionnée de formol en solution et placée à l'étuve à 40 °C pendant plusieurs semaines, devient de l'anatoxine tétanique.
Afin de dégager quelques caractéristiques des réactions immunitaires protégeant contre la maladie, on procède sur des lapins aux expériences décrites ci-dessous.

• On injecte de l'anatoxine tétanique à un lapin L1 puis, trois jours après, on prélève du sang sur cet animal. Au bout de 18 jours, on effectue sur L1 un nouveau prélèvement de sang puis on lui injecte une dose mortelle de toxine tétanique ; L1 survit.

À partir des deux échantillons de sang prélevés sur L1, on prépare du sérum :

- So est le sérum préparé à partir du sang prélevé au 3e jour de l'expérience ;
- S1 est le sérum préparé à partir du sang prélevé au 18e jour de l'expérience.

• Un lapin L2 reçoit une injection de sérum S1 puis, 24 heures après, une dose létale de toxine tétanique : il survit.

• Un lapin L3 reçoit une injection de sérum So puis, 24 heures après, une dose létale de toxine tétanique : il meurt.

• Un lapin L4 reçoit une injection de sérum S1 puis, 24 heures après, une dose létale de toxine diphtérique : il meurt.

4.1. Analyser ces expériences ; en déduire les caractéristiques de l'immunité mise ainsi en évidence, puis préciser la nature et la fonction des éléments responsables de cette immunité.

Reprendre méthodiquement les expériences (traitement subi et conséquences).
Construire la réponse à l'aide d'un tableau à deux colonnes (Observations - Déductions).
Faire preuve de logique et utiliser les connaissances. Rédiger une conclusion générale.

4.2. **a.** À partir des expériences précédentes, dégager les propriétés d'une anatoxine.
b. Nommer le traitement subi par le lapin L1 et celui appliqué au lapin L2. Expliquer la différence fondamentale entre les mécanismes de survie de L1 et de L2.

Reprendre les expériences et leurs résultats. Faire preuve de bon sens.

4.3. Dans une nouvelle série d'expériences, on sépare en deux fractions le reste du sérum S1 correspondant au sang prélevé sur le lapin L1 après 18 jours (cf 4.).
Une fraction est passée sur une colonne de particules inertes sur lesquelles ont été fixées des molécules d'anatoxine tétanique et on récupère à la sortie de la colonne le filtrat Fa. L'autre fraction est passée sur une colonne de particules inertes sur lesquelles ont été fixées des molécules d'anatoxine diphtérique et on récupère à la sortie de la colonne le filtrat Fb.
Un lapin L5 reçoit une injection de filtrat Fa tandis qu'un lapin L6 reçoit une injection de filtrat Fb. Vingt-quatre heures après l'injection de filtrat, une dose létale de toxine tétaniquc cst administrée par voie injectable à L5 et à L6.
Préciser si les lapins L5 et L6 survivent ou s'ils meurent en justifiant la réponse.

Comparer les contenus de S1 et des filtrats obtenus. Conclure logiquement.

5. Les antigènes vaccinaux utilisés pour la fabrication de vaccins peuvent être un agent pathogène entier inactivé, un agent pathogène vivant atténué, une sous-unité de l'agent pathogène, une molécule pathogène inactivée.
Classer dans un tableau les antigènes vaccinaux suivants en fonction de l'antigène utilisé et du type d'agent pathogène à combattre : Ag Hbs du virus de l'hépatite B, virus de la poliomyélite atténué pour préparation buvable, BCG (bacille de Calmette et Guérin : bacille tuberculeux bovin vivant atténué), anatoxine tétanique, virus de la poliomyélite inactivé pour préparation injectable, bacille de la typhoïde tué, polyoside de la capsule du bacille de la typhoïde. Justifier les modes d'administration des vaccins antipoliomyélitiques.

Étudier le contenu des vaccins qui suggère la réponse. Faire preuve de bon sens.

6. On injecte à un cobaye C1 une molécule d'origine virale P puis on renouvelle cette injection 50 jours après. Pendant les trois mois qui suivent la première injection, on prélève du sang chaque jour et on suit, par des analyses et par des dosages, la production des anticorps dirigés contre la molécule P. On obtient ainsi la courbe ci-après :

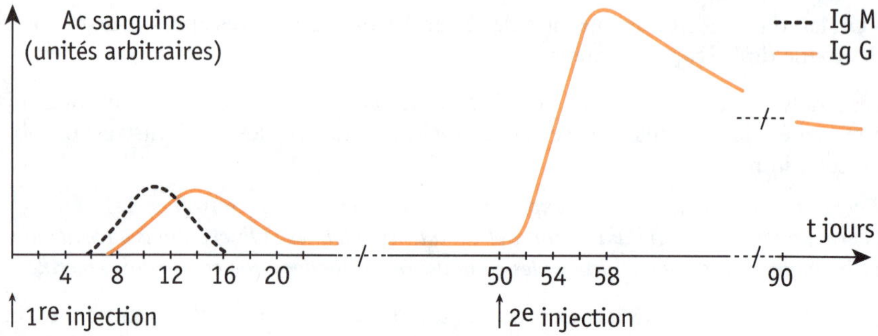

6.1. **a.** Citer les cinq classes d'immunoglobulines en précisant leur localisation dans l'organisme.

b. Décrire, à partir de l'analyse de ce document, les modalités de la production d'anticorps par le système immunitaire.

Étudier la qualité, l'amplitude et la durée des réponses de l'organisme du cobaye à chacune des injections de la molécule P.

6.2. Par traitement chimique, on prépare à partir de la molécule virale P une molécule beaucoup plus petite désignée par la lettre H.

• D'une part, on effectue, avec la molécule H un test par méthode d'immunofluorescence indirecte. Pour cela, après avoir fixé des molécules H sur une plaque, on recouvre celle-ci avec le sérum du cobaye C1 prélevé le 60e jour (6.) ; après un premier lavage, on recouvre la plaque avec une solution d'anticorps anti-immunoglobulines de cobaye liés à une molécule de fluorescéine. Après un deuxième lavage, on observe la plaque sous un microscope à lumière ultraviolette et on note la présence de taches fluorescentes.

On effectue un test témoin en utilisant, dans les mêmes conditions, le sérum de C1 prélevé avant la première injection de P ; on ne note aucune fluorescence sur la plaque témoin.

• D'autre part, sur un cobaye C2, on réalise deux injections de molécule H, à 50 jours d'intervalle et l'on suit, par dosage quotidien pendant trois mois, la production d'anticorps anti-H par C2 ; on ne décèle pas d'anticorps anti-H dans le sang de C2.

Déduire de ces résultats les caractéristiques de la molécule H puis donner le terme qui désigne ce type de molécule.

Noter avec précision les conditions et le déroulement de chaque expérience effectuée avec la molécule H. Se souvenir du lien existant entre H et P. Rassembler les conclusions pour définir ce type de molécule.

6.3. La rubéole est une maladie virale généralement bénigne mais qui peut avoir des conséquences très graves chez la femme enceinte (premier trimestre de la grossesse surtout) car le virus traverse le placenta et exerce sa pathogénicité sur l'embryon

qui est alors atteint de malformations importantes voire létales. On estime qu'environ 20 % de la population française arrive à l'âge adulte sans avoir développé de défenses contre ce virus ; c'est pourquoi la vaccination, sans être obligatoire, est très fortement conseillée chez la fillette non pubère.
Deux femmes, Mme D. et Mme S., enceintes d'un mois, non vaccinées contre le virus de la rubéole, ont été en contact avec des malades atteints de rubéole. Le médecin préconise la recherche d'anticorps spécifiques du virus de la rubéole dans le sérum de chacune de ces patientes. Les résultats des analyses révèlent la présence d'immunoglobulines spécifiques de classe G (Ig G) dans le sérum de Mme S. et de classe M et G (lg M et Ig G) dans le sérum de Mme D.
Expliquer pourquoi, au vu de ces résultats, le médecin peut craindre un risque de malformation embryonnaire pour l'enfant de Mme D. alors qu'il peut rassurer Mme S.

Reprendre les conclusions de la question 6.1 et se souvenir des propriétés du placenta vis-à-vis des Ig G et des Ig M pour organiser une réponse logique.

7. En cas de diabète pancréatique de type I, le sérum des malades contient des anticorps capables de se fixer sur les cellules β des îlots endocrines de leur pancréas. Nommer ce type de pathologie et présenter brièvement ses modalités d'apparition et ses conséquences.

Noter la particularité de cette réaction Ag-Ac. Utiliser les connaissances.

8. Pour étudier les cellules mises en jeu dans la réponse immunitaire, on effectue les expériences suivantes sur une série de souris réparties en quatre lots. Les souris des lots 1, 2 et 3 sont thymectomisées et irradiées. Celles du lot 4 ne subissent aucun traitement préalable. Puis on traite chaque lot selon le protocole décrit dans le tableau ci-après et on effectue, deux semaines après l'immunisation, des tests d'hémagglutination en mélangeant des globules rouges de mouton (GRM) avec du sérum préparé à partir de sang prélevé sur chaque lot de souris ; les résultats des tests sont consignés dans le tableau suivant.

	SOURIS THYMECTOMISÉES ET IRRADIÉES			TÉMOINS
	Lot 1	Lot 2	Lot 3	Lot 4
Préparation des animaux	Injection de lymphocytes B de souris	Injection de lymphocytes T de souris	Injection de lymphocytes B et T de souris	Souris non traitées
Immunisation	Injection de globules rouges de mouton (GRM)			
Résultat des tests	–	–	+	+

Expliquer les résultats de ces expériences puis donner le rôle des cellules citées.

Rechercher la signification de l'hémagglutination observée sur les souris du lot témoin. Être attentif aux traitements subis par les souris des lots 1, 2 et 3 et faire preuve de logique en appliquant les connaissances.

9. Le schéma ci-après résume les principales étapes de la réponse immunitaire spécifique à une infection virale.

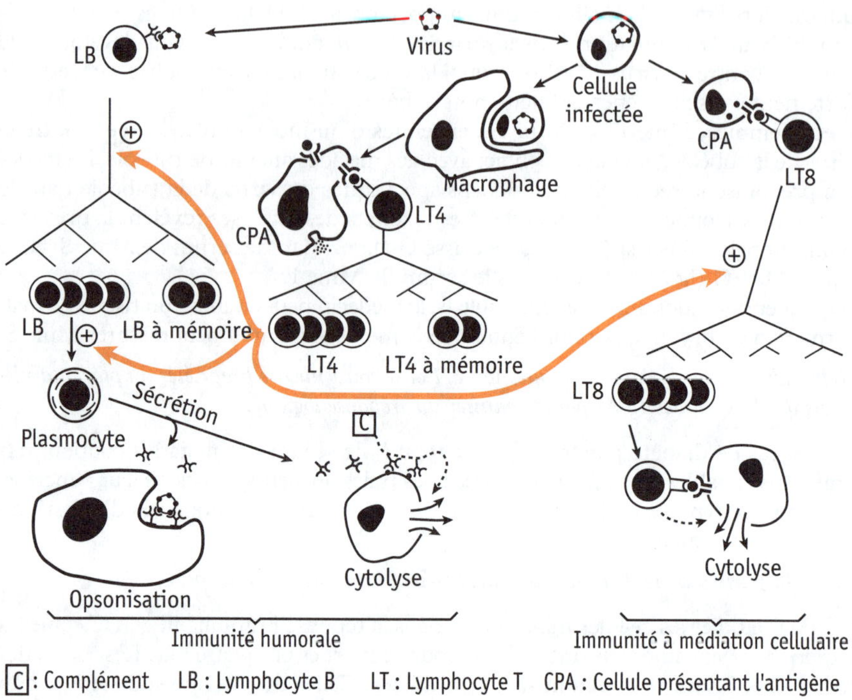

9.1. Rassembler dans un tableau, à l'aide du document ci-dessus, les différentes cellules impliquées dans la réponse immunitaire et indiquer leur nature et leur(s) fonction(s).

Observer attentivement l'organisation du schéma et ses détails pour trouver la fonction des différents immunocytes.

9.2. Chez des malades séropositifs contaminés par le virus du sida ou VIH (virus de l'immunodéficience humaine), on observe souvent, après une période asymptomatique parfois très longue, le développement de maladies opportunistes résultant d'une baisse générale des défenses immunitaires. L'utilisation d'anticorps monoclonaux spécifiques des différentes sous-populations lymphocytaires (LB, LT4, LT8, plasmocytes) montre qu'une seule d'entre elles est très majoritairement détruite au cours de la maladie. Déduire de la réponse à la question 9.1. quelle sous-population lymphocytaire est la cible du VIH.

Confronter les conclusions de la question précédente aux données de l'énoncé. Faire preuve de bon sens.

9.3. Définir le complément et indiquer ses fonctions essentielles.
Préciser les deux rôles des anticorps illustrés par le schéma 9.
Observer les détails du schéma et décrire ce qu'ils représentent.

10. Afin de déterminer certains aspects des réactions immunitaires responsables du rejet lors d'une greffe, on réalise les expériences suivantes avec des souris A, B1 - B2 - B3 (toutes trois de la même souche pure), C et D.

a) On greffe une première fois un fragment de peau de la souris donneur A sur la souris receveur B1. Au bout de 10 jours, le greffon est rejeté. Un mois plus tard, on effectue une deuxième greffe sur B1 à partir de deux fragments de peau, l'un de la souris A et l'autre de la souris C. Le greffon de A est rejeté en 2 jours, le greffon de C est rejeté en 10 jours.

b) On réalise sur la souris B2 la même expérience que celle pratiquée sur B1 en a), mais au moment de la deuxième greffe, on injecte à B2 du sérum prélevé sur une souris D qui a déjà elle-même rejeté une greffe de peau de la souris donneur C. Le greffon de A est rejeté par B2 en 2 jours, celui de C en 10 jours.

c) On réalise sur la souris B3 la même expérience que celle pratiquée sur B1 en a), mais au moment de la deuxième greffe, on injecte à B3 des leucocytes prélevés sur la souris D qui a déjà elle-même rejeté une greffe de peau de la souris donneur C. Les deux greffons sont alors rejetés en 2 jours.

d) On injecte à un souriceau nouveau-né B4 de souche pure B des cellules de la souris A. Six mois plus tard, on greffe sur B4, devenu adulte, deux fragments de peau, l'un prélevé sur la souris A et l'autre sur la souris C. Au bout de 10 jours, le greffon de A est normalement vascularisé alors que celui de C est rejeté.

10.1. Définir les antigènes en jeu dans ces greffes et expliquer les délais observés lors des rejets dans l'expérience a). En déduire qu'une greffe de peau de la souris C sur la souris A sera obligatoirement rejetée.

Noter, de façon schématique, les étapes de l'expérience. Se souvenir du principe d'une greffe et des conditions d'apparition de l'immunité spécifique chez l'organisme receveur. Faire preuve de logique.

10.2. Déduire des expériences b) et c) les principaux mécanismes immunitaires responsables du rejet des greffes.

Trouver les conséquences sur le système immunitaire de la souris D d'un premier rejet de greffe de peau de C. S'interroger sur la répartition des structures responsables du rejet entre les différentes fractions sanguines puis répondre avec rigueur.

10.3. Nommer le phénomène mis en évidence dans l'expérience d) et expliquer la réponse de la souris B4 à la double greffe décrite.

Être attentif aux conditions et aux résultats de l'expérience. Faire preuve de bon sens.

10.4. En s'aidant des résultats des expériences sur la souris, préciser les situations présentant les conditions les plus favorables à la réussite d'une greffe chez l'homme et donner les règles à observer en thérapeutique pour diminuer les risques de rejet d'une greffe.

S'interroger : dans quel(s) cas une greffe a-t-elle toutes chances de réussir ? Quels sont les traitements préventifs du rejet ? Établir, quand cela est possible, la comparaison avec le modèle expérimental des souris.

11. Comparer les anticorps et les anticorps monoclonaux puis, en s'appuyant sur les caractéristiques de ces derniers, donner quelques exemples de leur utilisation.

Question de cours. Utiliser les connaissances acquises en physiopathologie.

TERMINOLOGIE

1. Définir les expressions et termes suivants : bactérie, asymptomatique, pouvoir pathogène d'un micro-organisme, toxi-infection, infection opportuniste, maladie infectieuse nosocomiale, polyparasitose, mycose, adénomégalie, érythème.

Utiliser les notions d'étymologie en décomposant chaque terme en préfixe, racine et suffixe, puis en déduire la définition. Rédiger la réponse de façon claire et logique.

2. Trouver le terme correspondant à chacune des définitions suivantes :

1. parasite unicellulaire, vivant dans le sang ;
2. adjectif signifiant : qui se nourrit de sang ;
3. agent pathogène, de très petite taille, ne possédant qu'une sorte d'acide nucléique, ne pouvant se développer qu'à l'intérieur d'une cellule hôte ;
4. examen paraclinique consistant à rechercher un agent infectieux pathogène vivant dans les selles d'un malade en utilisant un milieu de culture convenable ;
5. adjectif signifiant : qui provoque la formation de pus ;
6. prévention d'une maladie au moyen de médicament ;
7. dernier stade de l'infection par le VIH ;
8. test d'efficacité, *in vitro*, des antibiotiques sur un germe pathogène ;
9. recherche d'anticorps dans le sang d'un sujet ;
10. démangeaison.

Chercher les préfixes, suffixes et racines évoqués par la définition puis construire le terme en faisant preuve de bon sens. Être attentif à l'orthographe.

3. Comparer deux à deux les expressions ou termes suivants :

1. ingestion et inhalation ;
2. incubation et période d'état ;
3. endémique et épidémique ;
4. hyperthermie et antipyrétique ;
5. antigène et anticorps ;
6. ectoparasite et endoparasite ;
7. anthropozoonose et pandémie ;
8. infection et infestation ;
9. vaccination et sérothérapie ;
10. antiseptique et antifongique.

Trouver la signification des termes de chaque paire proposée en les décomposant en préfixe, racine et suffixe, puis rechercher leurs points communs et/ou ce qui les distingue.

PHYSIOPATHOLOGIE

1.1. Décrire la chaîne de transmission d'une maladie infectieuse ou parasitaire en utilisant les expressions ci-dessous, énumérées dans un ordre quelconque : agents pathogènes vivants, hôte réceptif, vecteur dit aussi agent transmetteur, hôte intermédiaire, réservoir d'agents pathogènes.

Lire attentivement les expressions en tenant compte de tous les termes qui les composent afin d'en découvrir la signification précise, puis les ordonner logiquement grâce à un petit schéma ; rédiger ensuite un commentaire explicatif.

1.2. Illustrer chaque expression énumérée ci-dessus en se référant à la transmission du paludisme.
Noter chaque expression proposée puis utiliser les connaissances acquises sur le paludisme pour rédiger la réponse.

1.3. Préciser l'intérêt de la connaissance de la chaîne de transmission dans la lutte contre une maladie infectieuse ou parasitaire.

Reprendre la liste des éléments composant la chaîne de transmission.
S'interroger sur les moyens de lutte utilisables contre chacun de ces éléments et sur le but de ces actions. Présenter une réponse organisée.

2.

Le tétanos est une maladie infectieuse bactérienne qui est souvent mortelle chez les sujets non immunisés par la vaccination antitétanique. Elle est contractée à l'occasion de plaies profondes, souillées par de la terre contenant des spores du bacille tétanique. Les bacilles se développent au niveau de la porte d'entrée et sécrètent une toxine neurotrope, d'où les signes cliniques observés : contractures des divers muscles, crises de tétanie avec risque de fractures et surtout d'arrêt respiratoire ou cardiaque. La vaccination contre cette maladie, obligatoire en France, est faite au moyen de l'anatoxine tétanique.

La typhoïde, dite « maladie des mains sales », est une autre maladie infectieuse bactérienne grave. Elle peut se propager sous forme d'épidémie car elle est transmise par de l'eau contaminée par des matières fécales contenant l'agent pathogène et par des aliments crus lavés ou préparés avec celle-ci. Les bacilles envahissent l'intestin puis tout l'organisme en passant dans le sang ; les endotoxines libérées au niveau de l'intestin lors de la lyse des bacilles entraînent des hémorragies et des perforations intestinales. Un traitement efficace est possible grâce à certains antibiotiques, aussi la vaccination n'est obligatoire en France que pour les professions de santé et pour les sujets exposés au risque. Elle est en revanche fortement conseillée en cas de séjour, même de courte durée, dans les pays où l'hygiène laisse à désirer. Un sujet guéri de la maladie peut être porteur sain.

2.1. À l'aide des textes précédents, expliquer les termes suivants en illustrant chaque réponse par un exemple : sporulation, porte d'entrée, exotoxine, anatoxine, septicémie, endotoxine, vaccination, porteur sain.

Souligner, dans les textes, les termes et expressions correspondant aux définitions à trouver afin de s'aider du contexte, puis rédiger la réponse.

2.2. Préciser pourquoi, en France, certaines vaccinations sont obligatoires pour tous alors que d'autres ne sont obligatoires que pour certains professionnels ou même simplement conseillées pour certains sujets ; illustrer chaque partie de la réponse par des exemples.
Noter les différents points à étudier ; utiliser le texte, les connaissances et le bon sens.

3. Des maladies infectieuses et parasitaires épidémiques anciennes ainsi que des infections nouvelles apparaissent périodiquement à travers le monde. Ainsi, la tuberculose, la diphtérie, la fièvre jaune, la rougeole, le choléra, les infections dues aux champignons microscopiques, le paludisme, les hépatites virales et l'infection par le VIH posent des problèmes de santé majeurs.
Présenter les principaux facteurs favorisant l'émergence de ces maladies.

S'aider des exemples cités pour trouver les facteurs intervenant dans la transmission des maladies infectieuses et parasitaires, les regrouper par grandes catégories puis rédiger une réponse organisée et claire.

4. Répondre par « vrai » ou par « faux » à chacune des propositions suivantes en justifiant le choix qui sera illustré par un exemple.
- Une maladie asymptomatique est toujours anodine.
- Une infection asymptomatique peut être découverte grâce à la présence d'anticorps spécifiques dans le sang du sujet.
- Un sujet atteint d'une affection asymptomatique n'est jamais contagieux pour l'entourage.
- Une forme fulminante est une forme très grave entraînant souvent rapidement la mort du malade.
- Les formes frustes des maladies infectieuses sont fréquentes.
- Complication et séquelles sont des termes synonymes.
- Une séquelle est un handicap qui persiste après la guérison d'une maladie.

S'interroger sur la signification de chaque phrase et chercher un exemple confirmant ou infirmant la proposition. Rédiger la réponse à l'aide de ces éléments.

5. Utiliser, dans un texte composé ayant pour titre : « Les antibiotiques », les expressions et termes suivants : anti-infectieux, bactériolytique, effets secondaires, bactéricide, antibiogramme, résistance acquise des germes, spectre d'action, bactériostatique, incidents mineurs (nausées, vomissements, éruptions cutanées...), accidents graves (aplasie médullaire, hypoacousie, choc anaphylactique), posologie.

Classer dans un ordre logique chaque terme ou expression, puis rédiger un texte organisé.

6. Le texte suivant présente la transmission du paludisme :

> La transmission à l'homme se fait lors de la piqûre de celui-ci par une anophèle femelle « parasitée » qui lui inocule des parasites ; ces derniers, injectés dans le sang, vont se localiser dans les cellules du foie où ils se multiplient formant des schizontes qui éclatent et libèrent, dans la circulation générale, des milliers de parasites ; c'est le stade pré-érythrocytaire, correspondant à l'incubation de la maladie. Certaines de ces formes parasitaires restent dans le foie (formes exo-érythrocytaires), mais la plupart d'entre elles envahissent les globules rouges : c'est le cycle érythrocytaire. Périodiquement, toutes les 48 ou 72 heures selon le Plasmodium, les hématies parasitées éclatent, libérant à la fois les parasites qui vont envahir d'autres hématies et une substance pyrogène, d'où les accès fébriles rythmiques dits accès palustres. Le cycle continue ainsi ; mais, à un moment donné, certaines formes parasitaires se différencient en cellules sexuées (gamétocytes mâles et femelles), dont l'évolution ne peut se poursuivre que si une anophèle les aspire en piquant un sujet paludéen.
>
> ...

…

Chez l'anophèle, le cycle, qui ne peut se produire que si la température extérieure est suffisamment élevée et constante, dure 15 à 20 jours ; les gamétocytes mâle et femelle s'unissent pour former un œuf dans lequel se produit la multiplication puis la transformation des formes parasitaires en formes infestantes ; ces dernières gagnent les glandes salivaires du moustique, lequel les inoculera à un sujet sain en le piquant. L'anophèle reste infestante toute sa vie.

6.1. Répondre par « vrai » ou « faux » en justifiant avec précision chaque réponse : 1. le paludisme est une maladie bactérienne ; 2. le plasmodium est un hématozoaire ; 3. l'anophèle femelle est hématophage ; 4. l'anophèle est à la fois hôte intermédiaire et vecteur ; 5. il n'existe qu'une espèce de plasmodium ; 6. les accès palustres entraînent une forte fièvre et une anémie ; 7. tout sujet paludéen présente une splénomégalie ; 8. le paludisme peut être mortel. ; 9. il n'existe pas de moyen de prévention du paludisme ; 10. le paludisme n'existe à l'état endémique que dans les régions chaudes et humides.

S'interroger sur la signification de chaque phrase et s'aider du texte pour vérifier si la proposition est exacte. Rédiger la réponse en justifiant la décision.

6.2. Indiquer en justifiant la réponse :
- l'examen paraclinique qui permet le diagnostic du paludisme ;
- l'examen paraclinique qui permet d'apprécier le retentissement de la maladie sur l'état général du malade.

À partir du texte, repérer le milieu (facilement accessible) où l'on peut trouver les parasites et le moment du prélèvement le plus favorable pour détecter leur présence. Repérer ensuite le milieu le plus touché par la parasitose et trouver les conséquences de celle-ci. En déduire les noms des examens à pratiquer et justifier la réponse.

6.3. Définir prévention collective et prévention individuelle des infections et parasitoses, puis illustrer la réponse en prenant pour exemple la prévention du paludisme.

Faire preuve de logique et utiliser éventuellement les réponses aux questions précédentes.

7.1. Placer sur un axe des temps identique à l'axe ci-dessous les termes et expressions suivants relatifs à l'infection par le VIH et cités dans le désordre : séropositivité, sida déclaré, phase asymptomatique, acte contaminant, primo-infection.

-I——I————————————————I————————I ——►
0 3 mois x ans y ans (décès)

Chercher le sens de chaque terme ou expression, puis les classer par ordre chronologique et les inscrire sur le schéma.

7.2. Pour chaque période représentée ci-dessus, donner les principaux signes cliniques.

Question de cours. Indiquer les signes essentiels, caractéristiques du passage d'un stade au suivant.

7.3. Les courbes suivantes ont été établies chez un malade mort du sida 12 ans après sa contamination. Commenter les signes paracliniques observés.

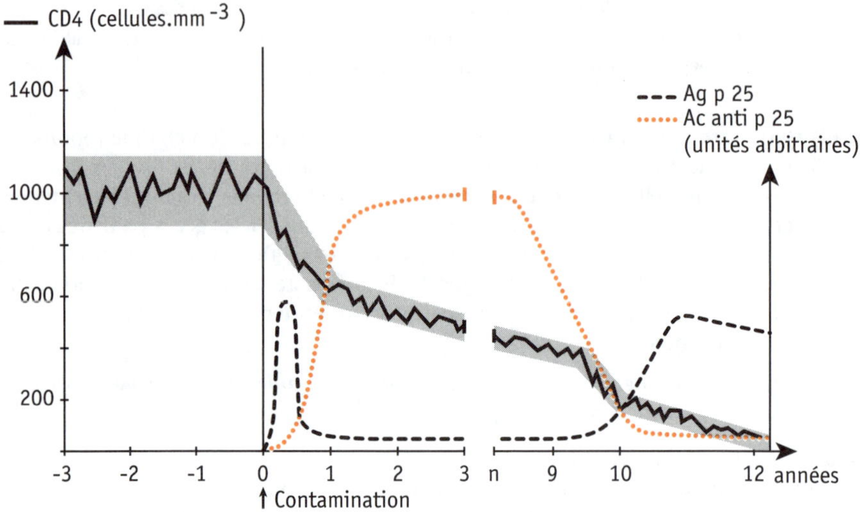

Étudier chaque courbe, c'est-à-dire repérer l'évolution de chaque paramètre, puis mettre en relation ces résultats et les insérer dans l'histoire de la maladie. Rédiger une réponse organisée et logique du début de l'infection à son terme.

8. Voici deux situations concrètes :

• première situation : 30 jours après un contact ayant pu être contaminant un test de dépistage de l'infection VIH est positif par la méthode immuno-enzymatique ELISA et par le WESTERN BLOT, chez un homme de 30 ans ;

• deuxième situation : une femme, qui a eu un contact ayant pu être contaminant il y a un mois, redoute d'être infectée.

Indiquer les conseils qui doivent être donnés dans chacun de ces cas.

Noter les données de chaque situation, puis utiliser les connaissances et faire preuve de bon sens.

9.1. Définir traitement symptomatique et traitement étiologique en illustrant la réponse par au moins un exemple dans chaque cas.

9.2. Présenter les moyens de traitement de l'infection par le VIH en indiquant les avantages et les inconvénients éventuels des moyens utilisés.

Génétique - Processus tumoral 8

RAPPELS

1. Compléter les légendes du document ci-dessous. Donner le nom et le rôle du phénomène représenté et préciser l'étape de la vie cellulaire à laquelle il correspond.

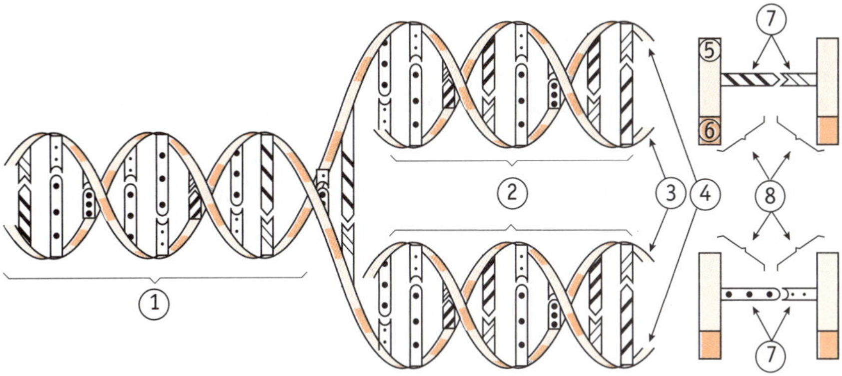

2. Définir les termes ou expressions des groupes a à e, puis faire le lien entre eux : a) nucléotide et acide nucléique ; b) ARN et ADN ; c) acide aminé et protéine ; d) chromatine, chromatide et chromosome ; e) mitose et méiose.

3. Indiquer le nom des organes (ou parties d'organe) puis donner, pour chacun d'eux, la ou les racine(s) utilisée(s) en terminologie médicale.

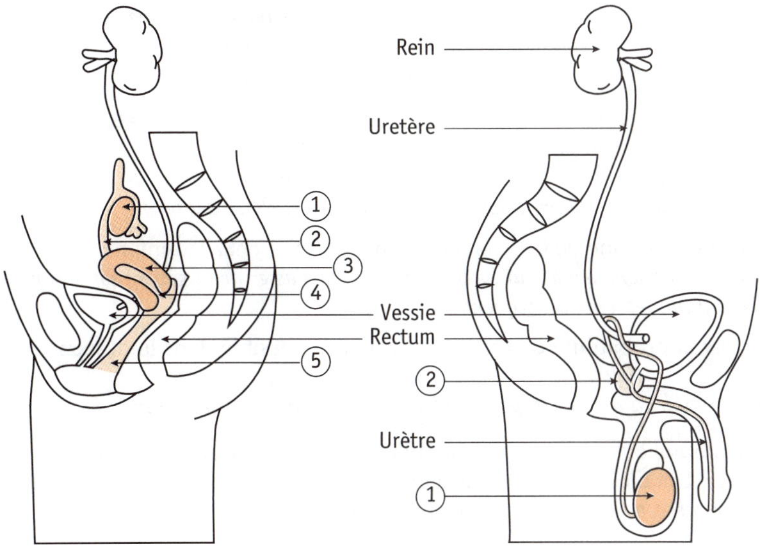

BIOLOGIE

1. Les systèmes ABO et Rhésus sont les plus connus des systèmes de groupes sanguins ; leur recherche est indispensable en cas de transfusion sanguine. Les groupes sanguins ABO sont déterminés par un gène situé sur le chromosome 9. Ce gène a trois allèles : A, B et O. Les allèles A et B gouvernent respectivement la synthèse des marqueurs de surface A et B situés sur la membrane des hématies. L'allèle O ne gouverne aucune synthèse.
Le groupe sanguin Rhésus est sous la dépendance de trois gènes, situés sur le chromosome 1, possédant chacun deux allèles : Cc, Dd, Ee. On étudie ici la transmission des allèles Dd, l'un de ces deux allèles étant responsable de la synthèse du marqueur de surface Rhésus présent sur les hématies des sujets qui sont Rhésus positif (Rh+) ; les hématies des sujets dits Rhésus négatif (Rh-) ne possèdent pas ce marqueur.
Le document ci-après représente l'arbre généalogique d'une famille :

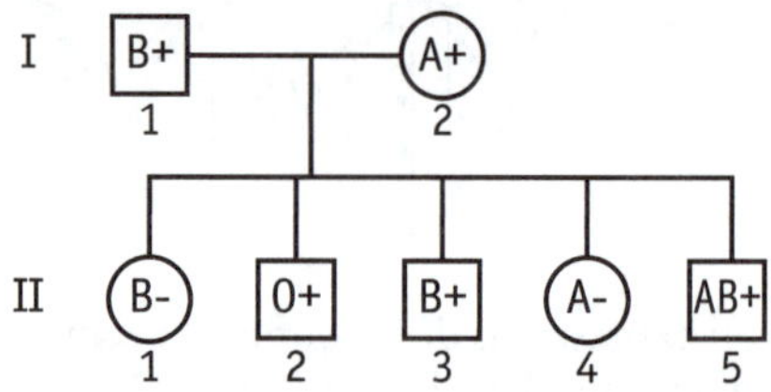

1.1. Déterminer, à partir de l'analyse de ce document, les allèles qui sont dominants et ceux qui sont récessifs, puis établir, quand cela est possible, le génotype des différents sujets.

Étudier chaque système sanguin séparément ; choisir parmi les sujets ceux dont le cas illustre les règles de la dominance et de la récessivité énoncées par Mendel, puis utiliser les différentes conclusions pour donner, si cela est possible, le génotype des sujets.

1.2. **a.** Nommer, en justifiant les termes employés, les types d'hérédité correspondant à l'arbre généalogique de cette famille.
Reprendre attentivement les données de l'énoncé et les conclusions de la réponse précédente. Utiliser le vocabulaire approprié en justifiant le choix des termes.

b. Expliquer l'origine de la diversité des phénotypes chez les enfants.
Se rappeler les phénomènes qui interviennent pour passer de la génération des parents à celle des enfants, et leurs conséquences.

c. Donner la probabilité de chaque phénotype possible dans la descendance des parents.
Réaliser le tableau des génotypes possibles pour les enfants et des phénotypes associés.

2. L'hémophilie A (comme l'hémophilie B) est une maladie héréditaire caractérisée par des troubles graves de la coagulation sanguine (hémorragies) ; l'arbre généalogique suivant a été établi à partir d'une famille touchée par la maladie.

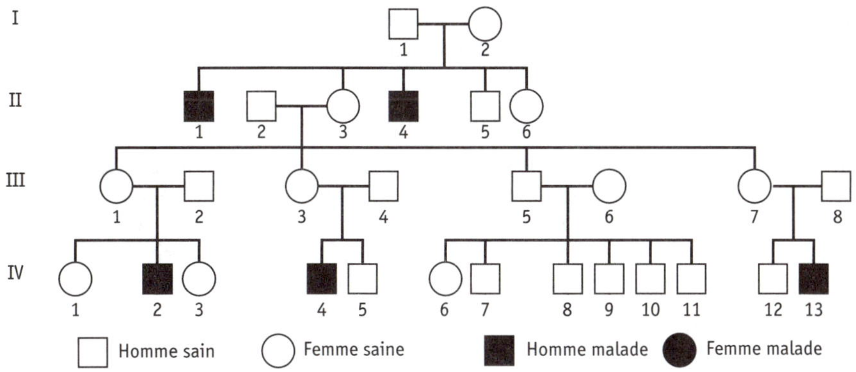

2.1. Trouver, à partir de l'analyse de cette généalogie, les caractéristiques de l'allèle responsable de la maladie ; en déduire celles de son mode de transmission. Localiser le gène le plus précisément possible sur le chromosome porteur. Justifier les réponses.

Repérer les sujets malades et l'état de leurs parents ; en déduire les réponses ; utiliser un vocabulaire précis.

2.2. Le daltonisme (anomalie de la vision des couleurs) a le même mode de transmission que l'hémophilie, mis en évidence dans la réponse à la question 2.1. Dans les familles touchées, on peut observer des filles daltoniennes.
Justifier la transmission possible du daltonisme à une fille.

Reprendre les conclusions de la question 2.1. Rechercher le génotype d'une fille daltonienne, en déduire celui de ses parents ainsi que leur phénotype.

2.3. En comparant l'hémophilie et le daltonisme, proposer une hypothèse pour expliquer l'absence de filles hémophiles alors que des filles peuvent être daltoniennes.

Se souvenir des manifestations cliniques de chaque maladie et faire preuve de bon sens.

3. L'hémoglobine est une hétéroprotéine complexe qui assure le transport du dioxygène par le sang. Deux formes de globines, α (141 acides aminés) et β (146 acides aminés), sont présentes dans la molécule, codées par des gènes situés sur le chromosome 11 pour la globine α et sur le chromosome 6 pour la globine β. Des recherches ont permis d'établir la séquence nucléotidique de ces gènes. On donne ci-dessous le début de la séquence du brin non transcrit du gène codant pour la globine β.

ATG GTG CAC CTG ACT CCT GAG GAG AAG TCT GCC…

3.1. Reconstituer le fragment de gène correspondant au début de la globine β, puis justifier le résultat en décrivant la structure chimique complète de la molécule obtenue. Préciser alors ce que représentent les lettres A, T, C et G telles qu'elles sont utilisées ici.

Question de cours. Être attentif à la signification des différents symboles utilisés.

3.2. Définir la transcription. Donner le produit de la transcription du gène de la globine β ; justifier la structure de la molécule obtenue et indiquer brièvement son rôle.

Question de cours. Organiser la réponse en suivant l'ordre des questions.

3.3. Avec les mots et expressions suivants, rédiger un texte exposant le déroulement des phénomènes d'expression génétique : codon, ribosome, ADN, cytoplasme, acide aminé, traduction, ARN de transfert, transcription, anticodon, gène, ARN messager, initiation, information génétique, protéine, code génétique, ARN ribosomal, liaison peptidique, nucléotide, terminaison, noyau, différenciation cellulaire.

Ordonner logiquement chaque terme ou expression ; puis rédiger une réponse claire et précise.

3.4. Donner, à l'aide du code génétique ci-joint, la séquence peptidique fonctionnelle du début de la globine β en sachant que le premier acide aminé prévu par la séquence du gène est éliminé à la fin de la synthèse de cette globine.

	Deuxième lettre								
	U		C		A		G		
Première lettre									*Troisième lettre*
U	UUU	phényl-	UCU		UAU	tyrosine	UGU	cystéine	U
	UUC	alanine	UCC	sérine	UAC		UGC		C
	UUA	leucine	UCA		UAA	codons-stop	UGA	codons-stop	A
	UUG		UCG		UAG		UGG	tryptophane	G
C	CUU		CCU		CAU	histidine	CGU		U
	CUC	leucine	CCC	proline	CAC		CGC	arginine	C
	CUA		CCA		CAA	glutamine	CGA		A
	CUG		CCG		CAG		CGG		G
A	AUU		ACU		AAU	asparagine	AGU	sérine	U
	AUC	isoleucine	ACC	thréonine	AAC		AGC		C
	AUA		ACA		AAA	lysine	AGA	arginine	A
	AUG	méthionine	ACG		AAG		AGG		G
G	GUU		GCU		GAU	acide	GGU		U
	GUC	valine	GCC	alanine	GAC	aspartique	GGC	glycine	C
	GUA		GCA		GAA	acide	GGA		A
	GUG		GCG		GAG	glutamique	GGG		G

Être attentif à la précision donnée dans l'énoncé et faire preuve d'organisation.

3.5. Chez des malades atteints de drépanocytose les hématies qui contiennent une hémoglobine non fonctionnelle sont en forme de faucille (d'où le nom d'anémie falciforme également donné à cette maladie). Des études approfondies ont révélé la présence de valine en position 6 dans la molécule de globine β, par ailleurs normale. Expliquer le phénomène à l'origine de cette modification et donner son nom.

Utiliser le code génétique pour justifier le changement d'acide aminé décrit. Le nom donné à ce changement tient compte de sa nature et de son étendue.

4. **a.** Donner le nom et les conséquences après traduction de la perte du couple de nucléotides en 10e position (C:::G) dans la séquence d'ADN suivante :
ATG GTG CAC CTG ACT CCT GAG GAG AAG TCT… brin non transcrit.
TAC CAC GTG GAC TGA GGA CTC CTC TTC AGA… brin transcrit.
b. Justifier le fait que la protéine d'un sujet dont le gène présente, en 6e position de la séquence de nucléotides, A à la place de G (GTA au lieu de GTG) soit fonctionnelle. Donner le nom d'une telle modification.

Utiliser le code génétique et étudier la nature des modifications et leurs conséquences.

5. Le facteur de la coagulation VIII impliqué dans l'hémophilie A est une protéine. Le gène correspondant à ce facteur a été identifié et son étude a révélé qu'il est beaucoup plus long que ne le laisse prévoir la protéine à laquelle il donne naissance. De plus, l'utilisation d'uracile radioactif pour les synthèses cellulaires a permis d'isoler à partir des hépatocytes des ARNm (messagers) marqués qui s'apparient expérimentalement au brin transcrit de l'ADN de ce gène pour former des complexes moléculaires présentant l'aspect visible sur le document suivant :

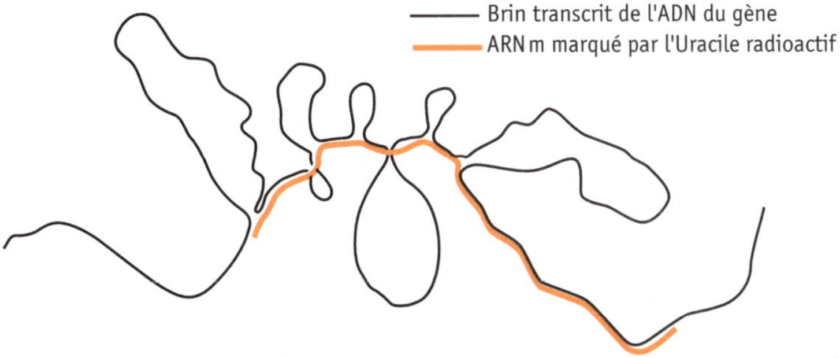

a. Analyser ces données pour en déduire une propriété des gènes des cellules eucaryotes.
b. Expliquer que des mutations portant sur certaines séquences de ces gènes puissent être sans conséquence sur la structure des protéines dont ils codent la synthèse.
c. Justifier l'utilisation d'hépatocytes pour obtenir le document proposé.

Être attentif aux termes de l'énoncé pour conclure logiquement.
Établir le lien entre les cellules utilisées et les protéines étudiées.

6. Après naissance dans une famille d'un enfant atteint du syndrome de Down, on établit le caryotype des parents qui ne présentent pas la maladie et celui de leur enfant (document ci-après). L'examen de ces caryotypes révèle une anomalie (rare) au niveau des paires d'autosomes 15 et 21 chez le père et chez l'enfant, les chromosomes de la mère étant normaux.

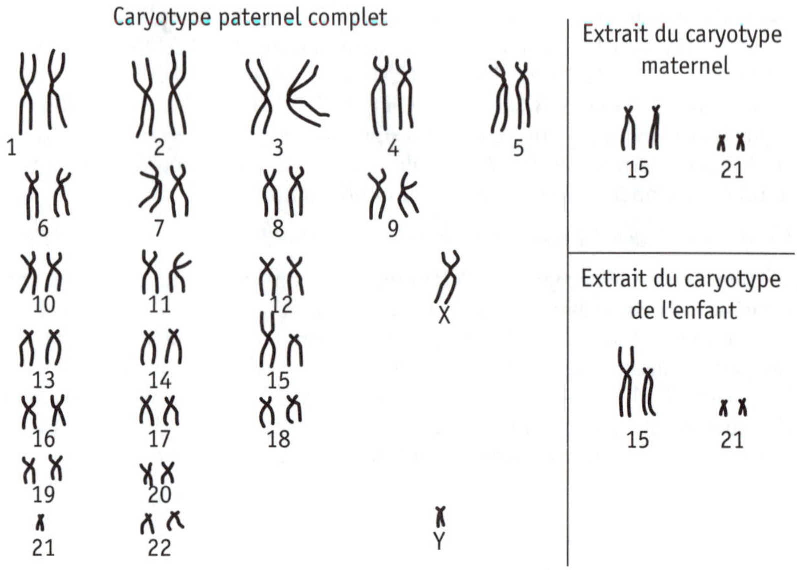

6.1. Identifier l'anomalie du caryotype présente chez le père et expliquer le fait que celui-ci ne présente pas les signes de la maladie.

Observer les paires de chromosomes concernés par l'anomalie, noter les transformations et conclure logiquement en utilisant le vocabulaire adapté.

6.2. Décrire l'anomalie présente chez l'enfant et donner le nom plus couramment utilisé pour désigner le syndrome de Down ; expliquer son origine en considérant la garniture chromosomique des gamètes produits par les parents et conclure sur sa transmission.

Repérer les autosomes 15 et 21 transmis par les parents et conclure sur l'équipement chromosomique des cellules de l'enfant.

6.3. L'apparition du syndrome de Down lié à l'anomalie chromosomique identifiée en 6.1. est rare ; il existe par contre un mécanisme plus fréquent d'apparition de cette maladie chez un enfant. Décrire ce mécanisme et indiquer un facteur favorisant son apparition.

Trouver le caryotype, différent de celui présenté sur le document 6., responsable de la maladie reconnue à la question 6.2. Faire appel aux connaissances pour expliquer son origine et retrouver l'un des facteurs de risque.

7. La structure biochimique de l'insuline est bien connue. Cette hormone est formée de deux chaînes peptidiques (chaîne A : 21 acides aminés, chaîne B : 30 acides aminés) réunies entre elles par deux liaisons covalentes. Ceci a permis la mise au point d'un traitement du diabète insulinodépendant par injection d'hormone préparée à partir d'insuline d'abord d'origine animale (porc surtout) puis humaine ; actuellement l'insuline peut être obtenue par génie génétique.

Le tableau ci-dessous rassemble les différences de structure de l'insuline pour différentes espèces de mammifères (A 8 signifie 8e acide aminé de la chaîne A, B 30 signifie 30e acide aminé de la chaîne B...). Commenter ces données et expliquer le choix préférentiel de l'insuline du porc pour préparer autrefois l'hormone utilisée dans le traitement du diabète pancréatique.

ORIGINE	A 8	A 9	A 10	B 30
Homme	Thréonine	Sérine	Isoleucine	Thréonine
Cachalot	Thréonine	Sérine	Isoleucine	Alanine
Chien	Thréonine	Sérine	Isoleucine	Alanine
Porc	Thréonine	Sérine	Isoleucine	Alanine
Bœuf	Alanine	Sérine	Valine	Alanine
Cheval	Thréonine	Glycine	Isoleucine	Alanine
Mouton	Alanine	Glycine	Valine	Alanine

Noter le nombre de différences entre les espèces proposées. Faire preuve de bon sens.

8.1. Le virus de l'immunodéficience humaine (VIH), responsable du sida, infecte certaines cellules du système immunitaire. Le document ci-après schématise le cycle de reproduction du VIH. Décrire, à partir de ce document, les différentes étapes de l'infection et donner leurs caractéristiques.

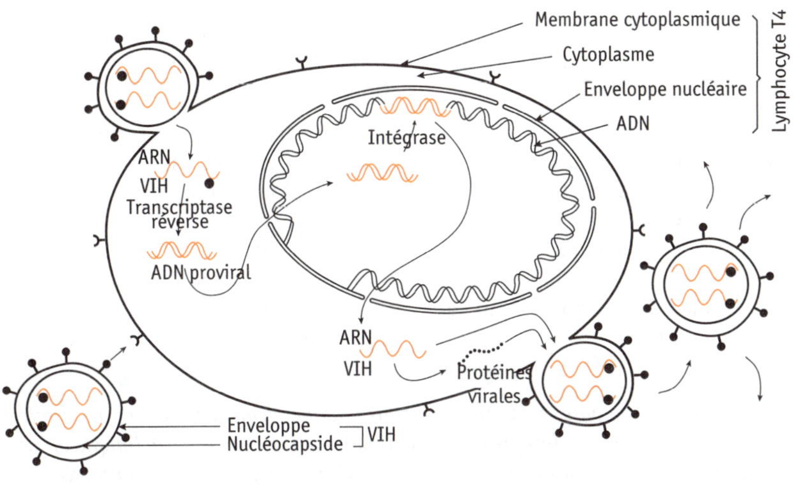

Observer attentivement le schéma et utiliser pour sa description un vocabulaire adapté.

8.2. On sait qu'une mère séropositive pour le VIH peut donner naissance à un enfant séropositif pour le VIH, par contamination transplacentaire. Compte tenu de ce mode de transmission, donner les qualificatifs utilisés pour désigner l'infection par le VIH du nouveau-né.

Comparer le mode de transmission mère-enfant de cette maladie à celui connu pour d'autres maladies (ex. : hémophilie, drépanocytose). Conclure.

TERMINOLOGIE

1. Définir les expressions et termes suivants : processus tumoral, oncologie, cancérigène, cervicite, adénome, hystéropexie, salpingectomie, orchite, dystocie, amniocentèse.

Décomposer chaque terme en préfixe, racine et suffixe. Donner ensuite une définition simple mais complète des termes proposés.

2. Trouver le terme ou l'expression correspondant aux définitions suivantes : 1. adjectif désignant une substance médicamenteuse qui détruit les cellules ; 2. tumeur maligne développée aux dépens du tissu conjonctif ; 3. ablation d'un ovaire ; 4. inflammation d'une trompe utérine ; 5. adjectif désignant une substance qui empêche les vomissements ; 6. tumeur maligne de la rétine du jeune enfant, développée à partir de vestiges de tissu embryonnaire ; 7. augmentation de volume d'un ganglion lymphatique ; 8. diminution du diamètre de la lumière œsophagienne ; 9. adjectif désignant un traitement destiné à améliorer le confort de vie d'un malade, sans espoir de le guérir ; 10. ablation de l'estomac.

Utiliser les connaissances d'étymologie médicale. Être attentif à l'orthographe des termes et distinguer nom et adjectif.

3. À partir des deux listes de termes et expressions ci-dessous, associer une expression ou un terme repéré par une lettre à un (ou plusieurs) terme(s) ou expression(s) désigné(s) par un chiffre et justifier vos choix.

A	tumeur	1	greffe de moelle osseuse
B	cancer du col de l'utérus	2	scintigraphie osseuse
C	cancer primitif des bronches	3	myélogramme
D	leucémie	4	biopsie
E	anémie microcytaire	5	hémoptysie
F	grosseur au niveau du sein	6	hémogramme
G	métastases cancéreuses d'un cancer ostéophile	7	condylome
		8	mammographie

Définir chaque terme ou expression puis, pour chaque élément de la liste de droite, s'interroger : est-ce un signe (clinique ou paraclinique), un examen paraclinique ou un traitement utile pour le diagnostic ou le traitement d'une des pathologies énumérées (liste de gauche) ? Attention : plusieurs chiffres peuvent être associés à une lettre.

4. Définir les expressions et termes soulignés dans le texte suivant :

> Mme B., âgée de 40 ans, vient consulter un <u>gynécologue</u> pour <u>métrorragies</u> apparues il y a deux mois. Elle présente par ailleurs une <u>asthénie</u> avec <u>anorexie</u> et une <u>dysurie</u>.
>
> ...

...
Lors de l'interrogatoire le médecin apprend que la patiente, mère de quatre enfants, a été réglée à 12 ans et qu'elle a accouché pour la première fois à 17 ans puis, la deuxième fois, à 19 ans. Cette femme, multipare, est tabagique depuis l'âge de 16 ans ; elle a été traitée ces dix dernières années pour cervicites récidivantes.

Opérée pour une tumeur maligne du sein droit, stade *in situ*, il y a trois ans, elle a subi une tumorectomie avec curage ganglionnaire et radiothérapie de sécurité ; elle est régulièrement suivie depuis cette date sur les plans clinique et paraclinique (mammographie et dosage des marqueurs tumoraux plasmatiques).

La grand-mère de la malade est décédée d'un cancer du sein à 60 ans, la mère de la malade, âgée de 70 ans, a subi une hystérectomie à 50 ans.

L'examen du col par colposcopie a révélé un col bourgeonnant, saignant au moindre contact avec des zones dysplasiques au niveau desquelles ont été pratiquées des biopsies en vue d'une étude anatomopathologique ; l'examen des autres organes et appareils n'a rien montré de particulier. La pression artérielle est de 120/70 mm de mercure, le pouls de 70/mn. Mme B. dit avoir maigri ces derniers temps mais son poids est satisfaisant (58 kg pour 162 cm).

Un hémogramme, effectué il y a une semaine, montre une légère diminution de l'hémoglobine avec érythropénie modérée, une hyperleucocytose avec neutrophilie, une légère hypoplaquettose. La VSG est un peu accélérée. Une échotomographie abdominale et une fibrohystéroscopie ont été demandées et seront effectuées sous huitaine.

Décomposer chaque terme ou expression en préfixe, racine et suffixe, puis en déduire la définition, en s'aidant du contexte.

5. À partir des termes suivants : tumorectomie, laparotomie, hystérorraphie, hystérotomie, suture des plans musculaires et cutanés, préciser le but du traitement et rédiger un court texte présentant dans un ordre logique ces gestes chirurgicaux qui seront définis.

Repérer le lieu et la nature de l'intervention, classer les termes et rédiger un texte clair.

PHYSIOPATHOLOGIE

1. En utilisant le texte présenté en Terminologie 4. :

1.1. Classer les signes cliniques présents ou passés énumérés dans cette observation en distinguant les signes objectifs et les signes subjectifs puis relever les examens et signes paracliniques cités.

Être attentif aux mots clés de la question, bien différencier : « objectif et subjectif », « signe et examen », « clinique et paraclinique ». Préparer un tableau à quatre colonnes qui sera complété au fur et à mesure de la lecture du texte.

1.2. Donner le principe, le but, les avantages et les inconvénients des examens paracliniques qui doivent être effectués sous huitaine.

Rechercher dans le texte les examens paracliniques à étudier et, pour chacun d'eux, s'interroger : Quel procédé est utilisé dans cet examen ? Pourquoi est-il demandé ici ? Est-ce douloureux ? Permet-il un diagnostic de certitude ?...

1.3. Expliquer, en utilisant éventuellement le texte ci-dessus, comment se déroule une consultation au cabinet du médecin ou au lit du malade et en préciser l'intérêt.

Faire appel aux connaissances et s'aider du texte. Rédiger une réponse logique en utilisant le vocabulaire médical approprié.

1.4. Distinguer antécédents personnels et antécédents familiaux puis, pour chacun d'eux, donner deux exemples tirés de l'observation proposée.

Question facile. Aborder successivement chaque point. Faire preuve de méthode et de bon sens.

2. Une tumeur peut être bénigne ou maligne. Un certain nombre de caractères permettent de déterminer sa nature : vitesse de croissance, mode d'extension, vascularisation, conséquences sur l'état général du malade, aspect macroscopique, étude cytologique, évolution après traitement.

2.1. Présenter les caractères distinctifs des tumeurs bénignes et des tumeurs malignes, sous forme d'un tableau.

Préparer un tableau à double entrée ; inscrire les critères donnés dans l'énoncé et mobiliser les connaissances.

2.2. Donner la signification de l'expression : lésion précancéreuse, puis classer les termes ci-dessous en : tumeurs bénignes, processus tumoral malin et lésions précancéreuses : ostéosarcome, condylome, néphroblastome, polype du côlon, lipome, fibrome utérin, adénocarcinome, leucémie, adénome de l'hypophyse.

Mobiliser les connaissances et s'aider de l'étymologie. Présenter la réponse sous forme d'un tableau à trois colonnes.

3. De nombreux examens complémentaires sont utilisés pour confirmer la présence d'une tumeur, affirmer son caractère bénin ou malin et, dans ce dernier cas, apprécier son extension puis surveiller son évolution après traitement.

3.1. Le bilan d'une tumeur mammaire a nécessité les examens paracliniques suivants (classés par ordre alphabétique) : dosage des marqueurs tumoraux plasmatiques (ACE, CA125...), échographie hépatique, échotomographie du sein, examens anatomopathologiques des prélèvements biopsiques de la tumeur, mammographie, radiographie thoracique, scintigraphie osseuse.
Rédiger un texte présentant ce bilan et mettant en évidence l'ordre logique de réalisation des différents examens paracliniques et l'intérêt de chacun d'eux.

Définir chaque examen, rechercher son intérêt et le mettre en parallèle avec la pathologie. Rédiger une réponse structurée en tenant compte de la présentation de la question 3.

3.2. En s'inspirant de l'étude précédente, présenter les principaux examens paracliniques utiles au diagnostic du cancer du col de l'utérus, au choix du traitement et à la surveillance de l'évolution après traitement.

Adopter le plan précédent. Se représenter avec précision le lieu de la lésion, utiliser les connaissances sur les examens paracliniques et faire preuve de logique.

4. Le processus tumoral est sous la dépendance des oncogènes, des anti-oncogènes et aussi des défenses immunitaires de l'organisme. Des mutations expliquent la possibilité, pour une néoformation, d'échapper à la régulation de l'organisme. Ces mutations, plus ou moins nombreuses et plus ou moins importantes, sont dues à des facteurs carcinogènes exogènes et endogènes.

4.1. Préciser le rôle des oncogènes et des anti-oncogènes.

Question de cours.

4.2. Citer les facteurs carcinogènes et illustrer la réponse en indiquant les principaux cancers dont ils sont responsables.

Utiliser les connaissances acquises en physiopathologie et en sciences sanitaires et sociales. Regrouper logiquement les facteurs en grandes catégories.

4.3. Déduire de ce qui précède les mesures de prévention primaire utilisables.

Être attentif au domaine à étudier. Organiser la recherche en lien avec la réponse précédente : pour chaque facteur, s'interroger sur la possibilité de mesures préventives et, si oui, laquelle ou lesquelles ?

4.4. Présenter d'abord les moyens de traitement classiques des tumeurs malignes puis les autres traitements utilisables en cours d'évaluation.

Noter les éléments intervenant dans la cancérogénèse suggérés dans l'énoncé de la question 4. Chercher, pour chacun d'eux, le ou les moyen(s) de le supprimer ou de le renforcer ou de le corriger…

5. Le cancer du col de l'utérus se situe au troisième rang des cancers chez la femme, après le cancer du sein et les cancers colorectaux.

5.1. Définir : cancer du col de l'utérus.

5.2. En utilisant le texte (question de Terminologie 4.) et les connaissances acquises, citer les principaux facteurs favorisant ce cancer et en déduire les moyens de prévention primaire.

Relire attentivement le texte ; sélectionner les données utiles à la réponse, laquelle doit être générale et organisée.

5.3. Indiquer les principaux signes cliniques en fonction du degré d'évolution de la tumeur.

S'aider du texte et adapter, en réfléchissant, les connaissances relatives aux différents signes cliniques au cas du cancer de l'utérus.

5.4. Exposer brièvement les moyens de traitement utilisables selon le degré d'évolution de la tumeur.
Se souvenir des principaux moyens de traitement (différents procédés et intérêt de chacun d'eux), puis adapter ces connaissances aux différentes situations.

6. Les marqueurs tumoraux sont des molécules ou une famille de molécules, souvent des glycoprotéines ou des substances polypeptidiques, qui sont produites par les cellules tumorales en quantité suffisante pour être détectées dans le plasma. Il s'agit de molécules présentes lors de la vie embryonnaire, mais dont la synthèse est ensuite soit supprimée, soit réduite de façon importante. Toute élévation de leur teneur dans le sang, au-delà d'un seuil déterminé, révèle l'évolution d'un processus tumoral, le plus souvent malin.
Les marqueurs tumoraux utilisables sont nombreux. Ils permettent actuellement d'apprécier l'efficacité d'un traitement anticancéreux (diminution de la teneur plasmatique du marqueur tumoral, après traitement) et de dépister les récidives très précocement (augmentation de la teneur plasmatique plusieurs mois ou même plusieurs années avant les manifestations cliniques), d'où leur intérêt pronostique. Il faut souvent doser plusieurs marqueurs tumoraux et, en fonction des résultats, sélectionner le (ou les) marqueur(s) utile(s).
À partir du graphique ci-dessous et du résumé de l'histoire de la maladie de Mme S., traitée pour un cancer de l'ovaire, dégager l'intérêt du dosage du marqueur tumoral : CA 125.

Mme S. a présenté un cancer ovarien stade III, qui a été traité par chirurgie et chimiothérapie anticancéreuse début janvier ; une rémission complète, vérifiée par laparoscopie a été obtenue. Depuis février, la malade n'a plus de traitement mais elle est suivie régulièrement sur les plans clinique et paraclinique : examens d'imagerie diagnostique et dosages répétés périodiquement du CA 125 dans le sang. Compte tenu des résultats du dosage du marqueur CA 125, au mois d'octobre, une laparotomie a été pratiquée : elle a permis de détecter une récidive abdominale.

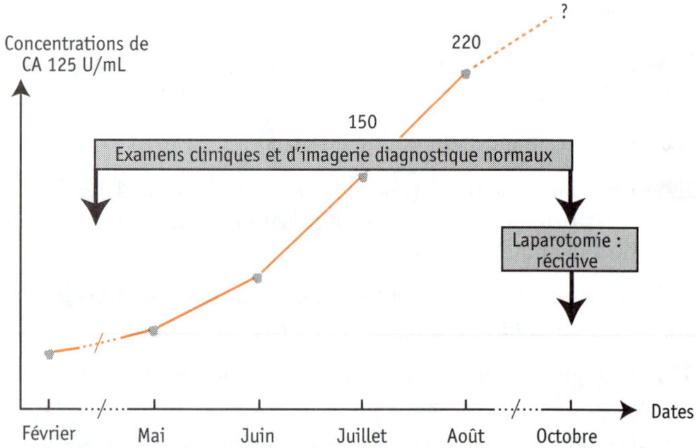

À partir de l'histoire de Mme S. mettre en parallèle, en respectant la chronologie, les étapes de la maladie et le graphique ; rédiger la réponse en faisant appel à la logique.

RAPPELS

1. Érythro = rouge, leuco = blanc, cyano = bleu, polio = gris, mélano = noir, xantho = jaune.
• Érythro/cyte = globule rouge (autres termes : érythrose, érythropénie, érythropoïèse).
• Leuco/cyte = globule blanc (leucopénie, hyperleucocytose, leucopoïèse, leucémie).
• Cyan/ose = coloration bleue de la peau et des muqueuses par manque de dioxygène dans le sang (acrocyanose, cyanogène).
• Polio/myél/ite = maladie virale entraînant une inflammation de la substance grise de la moelle épinière.
• Mélan/ome = tumeur noire de la peau (méléna, mélanodermie).
• Xanth/omes = petites saillies jaunâtres dues à des dépôts de cholestérol au niveau de la peau.

2. • La moelle osseuse : myélo ou médullo (attention, ces racines désignent aussi la moelle épinière) ; ex. : ostéo/myél/ite : inflammation simultanée, au niveau d'un os long, du tissu osseux et de la moelle ; myélo/gramme : résultat de l'examen des cellules de la moelle osseuse.
• Les ganglions lymphatiques : adéno (attention, cette racine signifie aussi glande) ; ex. : adéno/mégalie : augmentation de volume d'un ganglion lymphatique ; adén/ite : inflammation d'un ganglion lymphatique.
• La rate : spléno ; ex. : spléno/mégalie : augmentation de volume de la rate ; splén/ectomie : ablation chirurgicale de la rate.

Ces organes sont des organes hématopoïétiques (poïèse = formation) où sont élaborés soit tous les éléments figurés du sang (moelle osseuse), soit certains d'entre eux.

BIOLOGIE

1.1. • Légendes : A : plasma ; B : milieu intra-cellulaire ou cytoplasme ; C : lymphe canalisée ou circulante ; D : lymphe interstitielle ou milieu extracellulaire.
• Le milieu intérieur représente l'ensemble des liquides extracellulaires de l'organisme. Il est le milieu de vie dans lequel les cellules trouvent les nutriments et rejettent les produits de leur métabolisme. Il permet les échanges, d'une part, entre les différents organes, d'autre part, avec le milieu extérieur de l'organisme au travers des épithéliums.
• D est le milieu intérieur au sens strict ; A et C font partie du milieu intérieur au sens large.

1.2. • Légendes : 1 : cellule sanguine capable de quitter le capillaire par déformation et passage entre deux cellules de l'endothélium : globule blanc ou leucocyte en cours de diapédèse ; 2 : éléments cellulaires de petite taille, libres dans le plasma : plaquettes ou thrombocytes ; 3 : cellules anucléées, de forme biconcave, groupées en rouleau : globules rouges ou hématies ou érythrocytes ; 4 : cellule à noyau pluri-lobé, à cytoplasme granuleux : granulocyte ou polynucléaire, appartenant à la famille des globules blancs ou leucocytes.

• L'œil permet de distinguer des détails de l'ordre du mm, le microscope optique ne permet pas d'observer des détails de l'ordre du nm ; les valeurs à garder sont de l'ordre du µm.

Les leucocytes (légende l), qui forment une famille de cellules de taille variable selon la lignée, mesurent de 7 à 25 µm ; les thrombocytes (légende 2), qui sont les plus petits, mesurent de 2 à 4 µm ; les hématies (légende 3) mesurent de 7 à 8 µm ; les granulocytes (légende 4) mesurent de 10 à 15 µm.

1.3. Les recherches ont mis en évidence que les différentes lignées de cellules sanguines sont issues d'une même catégorie de cellules, capables de prolifération et de différenciation. On appelle « cellule souche » ce type cellulaire parce qu'il est l'origine commune des cellules sanguines. Les cellules souches sont localisées dans la moelle osseuse (moelle rouge).

L'ensemble des transformations qui conduisent de la cellule souche aux cellules sanguines matures est l'hématopoïèse.

2.1. Le terme « anémie », employé seul, désigne un état caractérisé par une diminution de la concentration du sang en hémoglobine (présente dans les hématies) qu'il y ait diminution ou non du nombre des globules rouges.

L'emploi de ce terme est justifié dans le cas de ce malade dont les résultats d'analyse de sang révèlent une valeur de la concentration sanguine en hémoglobine très inférieure à la valeur normale, accompagnée d'une baisse du volume globulaire moyen des hématies (VGM), alors que les résultats de la numération des éléments figurés du sang (globules rouges, globules blancs et plaquettes) sont normaux.

2.2. La molécule d'hémoglobine est la protéine cytoplasmique majoritaire des hématies.
C'est une hétéroprotéine formée de quatre sous-unités comprenant chacune une molécule de protéine, la globine, liée à un groupement non protéique coloré en rouge : l'hème. L'hème contient un élément fer à l'état d'ion ferreux.

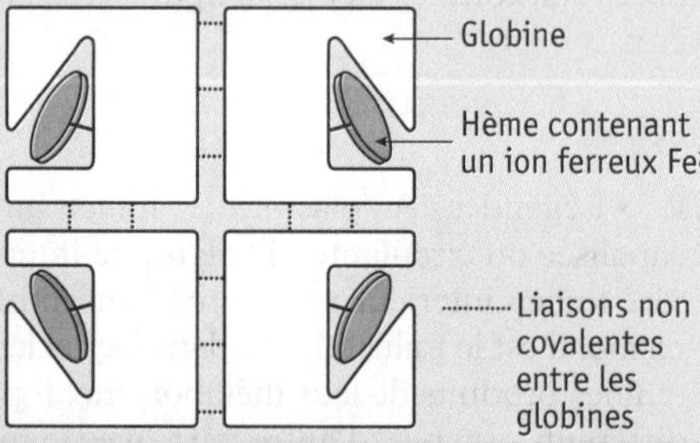

La baisse importante de la concentration du fer plasmatique ou hyposidérémie, en privant les cellules hématopoïétiques de fer, empêche la fabrication en quantité suffisante de l'hème donc de l'hémoglobine. Cela peut expliquer l'anémie observée chez le patient, dite anémie ferriprive ou anémie sidéropénique.

2.3. • L'hémoglobine est responsable du transport du dioxygène par le sang. Une molécule de ce gaz se fixe sur l'ion ferreux de l'hème, soit quatre molécules de dioxygène par molécule d'hémoglobine formant l'oxyhémoglobine. Cette fixation a lieu lors du passage du sang dans les capillaires pulmonaires : c'est l'hématose. La réaction inverse a lieu lors du passage du sang dans les capillaires tissulaires et libère le dioxygène pour le mettre à disposition des cellules.

$$\underset{\text{Désoxyhémoglobine}}{Hb} + \underset{\text{Dioxygène}}{4\,O_2} \underset{\text{Autres tissus}}{\overset{\text{Poumons}}{\rightleftharpoons}} \underset{\text{Oxyhémoglobine}}{Hb(O_2)_4}$$

• Chez le malade, la quantité d'hémoglobine disponible étant inférieure à la normale, il y a diminution de la quantité de dioxygène transportée par les hématies (hypoxémie).
– L'asthénie (fatigue générale) peut s'expliquer par la privation partielle des cellules en dioxygène, ce qui nuit au bon fonctionnement de leur métabolisme énergétique.
– La tachycardie (accélération du rythme cardiaque) importante, lors d'un exercice modéré, est la conséquence de l'adaptation cardiaque à l'hypoxémie ; elle permet, en augmentant le débit cardiaque, de compenser la faible hématose par l'augmentation du volume sanguin envoyé dans les territoires cellulaires.

3.1. • Fraction 1 : plasma citraté ; fraction 2 : culot globulaire ; fraction 3 : sérum ; fraction 4 : caillot.
• Dans le tube A, on observe, en présence de citrate de sodium, le résultat de la sédimentation des éléments cellulaires sanguins au fond du tube.
• Dans le tube B, on constate la présence d'un caillot baignant dans le sérum, résultat de la coagulation du sang prélevé puis de l'exsudation (libération) du sérum.
• Le citrate de sodium est un anticoagulant.

3.2. Le phénomène étudié est la coagulation.

OBSERVATIONS	**DÉDUCTIONS**
Tube 1 : il faut ajouter des ions calcium en excès au sang citraté (plasma citraté + culot globulaire) pour observer la coagulation qui est spontanée dans le cas de sang non citraté.	Les ions calcium sont indispensables au déroulement de la coagulation. C'est en bloquant leur intervention que le citrate de sodium exerce son effet anticoagulant.
Tube 2 : le plasma citraté additionné d'ions calcium en excès coagule.	Le plasma citraté contient les facteurs, autres que le calcium, nécessaires à la coagulation.
Tube 3 : le culot globulaire (simple dépôt d'éléments figurés du sang), même additionné d'ions calcium en excès, ne coagule pas.	Les globules entrent dans la composition du caillot, mais ils ne contiennent pas les facteurs nécessaires à sa formation.
Tube 4 : le mélange de la fraction globulaire additionnée d'ions calcium en excès et de sérum ne coagule pas. Le contenu de ce tube ne diffère de celui du tube 1 que par le remplacement du plasma citraté par du sérum.	Il manque dans le sérum au moins un facteur nécessaire à la coagulation ; ce facteur, différent des ions calcium, est présent dans le plasma.

Conclusion : le phénomène de coagulation sanguine nécessite l'intervention de plusieurs solutés plasmatiques parmi lesquels des ions calcium (dont l'intervention est bloquée en présence de citrate de sodium) et une molécule qui n'est plus présente dans le sérum exsudé du caillot.
La composition du sérum, récolté après coagulation du sang, est proche de celle du plasma, récolté après sédimentation. La différence la plus importante est l'absence dans le sérum de l'une des protéines plasmatiques solubles : le fibrinogène transformé en fibrine lors de la coagulation. En effet, l'hydrolyse enzymatique partielle du fibrinogène produit de la fibrine insoluble qui forme un réseau protéique emprisonnant les éléments cellulaires (globules et plaquettes) du sang : c'est le caillot.

3.3. L'hémostase est l'ensemble des réactions biologiques permettant d'arrêter le saignement lors d'une lésion vasculaire. Elle met successivement en jeu la vasoconstriction locale, l'adhésion suivie de l'agrégation des plaquettes (formation du thrombus blanc), puis la coagulation (observée dans le tube B) conduisant à la formation du caillot (thrombus rouge).

4.1. Comparaison des électrophorégrammes du document présenté.
• Ressemblances : les pics correspondant à l'albumine et aux globulines $\alpha 1$, $\alpha 2$ et β ont le même aspect sur les deux électrophorégrammes.
• Différences : le pic correspondant aux gammaglobulines est beaucoup plus élevé sur le deuxième électrophorégramme. Les gammaglobulines sont des anticorps. Le rappel de vaccination antitétanique subi par le sujet dans les jours précédant le deuxième prélèvement est à l'origine d'une réponse immunitaire de type secondaire caractérisée par la rapidité et l'abondance de la sécrétion des anticorps spécifiques dirigés contre l'anatoxine tétanique (réaction anamnestique). Elle explique l'importance quantitative des gammaglobulines dans son sérum.

4.2. • **Concentré de plaquettes** ou thrombocytes : utilisable pour traiter un sujet atteint de thrombopénie c'est-à-dire présentant un nombre de plaquettes inférieur à la normale.
• **Facteurs VIII et IX** : nom donné à deux protéines plasmatiques intervenant dans la coagulation et dont l'absence ou l'inactivité, d'origine génétique, sont responsables des hémophilies A et B caractérisées par des hémorragies graves. La fraction coagulante convenable est utilisable pour traiter le sujet hémophile.
• **Immunoglobulines anti D** : anticorps spécifiques de l'antigène D déclenchant la destruction des hématies du groupe rhésus positif qui en sont porteuses. L'utilisation de ces anticorps anti D est nécessaire en cas d'incompatibilité rhésus mère-fœtus, afin d'empêcher la mère de s'immuniser contre les hématies de son enfant. Ce type d'immunisation peut se déclencher chez une femme :
– dont les hématies ne possèdent pas l'antigène D, donc rhésus négatif ;
– portant un enfant dont les hématies possèdent l'antigène D, donc rhésus positif ;
– si des hématies de l'enfant passent dans la circulation de la mère et rencontrent les cellules de son système immunitaire, ce qui peut être le cas au moment de l'accouchement.
La fraction anti D sert donc à traiter une femme rhésus négatif accouchant d'un

enfant rhésus positif, afin de prévenir ce type d'immunisation par la destruction des hématies de l'enfant ayant pu passer dans la circulation maternelle. C'est un traitement préventif des accidents d'incompatibilité fœtomaternelle pouvant survenir lors des grossesses ultérieures si les fœtus sont rhésus positif ; il est à répéter à chaque accouchement.
Par contre, une femme rhésus positif ne nécessite aucun traitement : ses hématies portant l'antigène D, elle ne peut s'immuniser ni contre cet antigène, ni contre les hématies d'un enfant rhésus négatif qui ne le portent pas.
• Le sujet diabétique est atteint de troubles de la régulation de la glycémie. Le traitement du diabète pancréatique ne relève pas des produits cités.
• Le sujet obèse est atteint d'hypertrophie du tissu adipeux avec surcharge pondérale. Le traitement de l'excès pondéral ne relève pas des produits cités.

5.1. La circulation lymphatique et ses relations avec la circulation sanguine.
Légendes : 1. ganglions lymphatiques cervicaux ; 2. ganglions lymphatiques axillaires ; 3. chylifères ; 4. ganglions lymphatiques inguinaux.

5.2. **a.** • Le LEC ou lymphe interstitielle est le liquide dans lequel baignent les cellules.
• La lymphe canalisée est le liquide circulant dans les vaisseaux lymphatiques.
• La lymphe est le terme général désignant l'ensemble du LEC et de la lymphe canalisée.

b. • Le LEC est formé essentiellement à partir de la filtration du plasma à travers l'endothélium des capillaires sanguins que les macromolécules (protéines) ne traversent pas, d'où la concentration faible en protéines du LEC ($<10\ g.L^{-1}$).
• Les ganglions lymphatiques, situés sur le trajet des vaisseaux lymphatiques, sont le siège de réactions de l'immunité spécifique : à leur niveau, des lymphocytes (cellules immunocompétentes) et des gammaglobulines (protéines anticorps spécifiques spécialisées dans la reconnaissance et la neutralisation d'éléments reconnus comme étrangers à l'organisme)sont libérés dans la circulation lymphatique .
• L'aspect lactescent du contenu des vaisseaux lymphatiques drainant l'intestin est dû au fait qu'ils transportent les produits lipidiques provenant de l'absorption digestive.
• La richesse en protéines de la lymphe hépatique est le reflet de l'activité de protéosynthèse du foie responsable de la fabrication d'un grand nombre des protéines du plasma : albumine, protéines de la coagulation…

c. Résumé : la lymphe interstitielle ou LEC, milieu de vie des cellules, est un ultrafiltrat du plasma. Elle rejoint ensuite la lymphe canalisée dans les vaisseaux lymphatiques ; ce drainage du LEC facilite ainsi son renouvellement. La composition de la lymphe dépend des organes dont elle est issue ou qu'elle traverse et reflète leur activité. Les gros vaisseaux lymphatiques drainent la lymphe vers la circulation sanguine qu'elle enrichit de son contenu.

1. • Hémo, hémato = sang.
Ex. : hémorragie = effusion (sortie) de sang hors d'un vaisseau sanguin (elle peut être interne ou externe) ; hémogramme = résultat de l'étude quantitative et qualitative des éléments figurés du sang ; hématome = collection sanguine enkystée ; hématologie = étude clinique et/ou paraclinique du sang et des organes hématopoïétiques (physiologie et pathologies).
• Uro = urines.
Ex. : uroculture = recherche de germes pathogènes dans les urines en plaçant les urines à tester sur un milieu de culture convenable ; urologie = partie de la médecine consacrée à l'étude des voies urinaires et de leurs maladies ainsi que, chez l'homme, à l'appareil génital et à ses maladies.
• Rachi = rachis et ce qui concerne le liquide céphalorachidien (LCR).
Ex. : rachicentèse = prélèvement de LCR (sous-entendu ponction du rachis pour recueillir du LCR, dite aussi ponction lombaire = PL) ; glycorachie = concentration de glucose par litre de LCR.
• Copro = matières fécales.
Ex. : coproculture = recherche de germes pathogènes dans les selles en plaçant un peu de selles sur un milieu de culture convenable ; coprologie = étude des matières fécales.

2. 1. L'hémo/gramme est le résultat de la numération des éléments figurés du sang, de l'étude de la formule leucocytaire et de l'observation des différents éléments figurés du sang ; il permet donc de déterminer le nombre d'hématies, de leucocytes et de plaquettes par litre de sang, la teneur des hématies en hémoglobine, le volume globulaire moyen des hématies, la formule leucocytaire (pourcentage des divers types de leucocytes) et d'étudier l'aspect des éléments figurés du sang (recherche d'anomalies : forme, coloration…).
L'hémato/crite permet d'apprécier le volume occupé par les éléments figurés (essentiellement les érythrocytes) dans le sang total ; il est exprimé en pourcentage.
Il s'agit de deux examens paracliniques hématologiques.

2. L'hémo/stase est un processus physiologique (ou moyen thérapeutique) qui arrête une hémorragie ; une hémo/rragie est une effusion de sang hors d'un vaisseau sanguin (elle peut être interne ou externe).
L'hémostase (spontanée ou provoquée) est indispensable pour arrêter une hémorragie.

3. L'érythro/poïèse est la formation des hématies ou globules rouges.
L'hémo/lyse est la destruction des hématies, elle peut être physiologique ou pathologique.
Ces deux termes traduisent des phénomènes contraires concernant les érythrocytes (formation/destruction).

4. La leuco/pénie est la diminution du nombre de leucocytes ou globules blancs

dans le sang.
La neutro/pénie est la diminution du nombre de granulocytes neutrophiles dans le sang.
Ces deux termes traduisent une diminution du nombre de leucocytes dans le sang mais l'anomalie ne porte, pour le deuxième terme, que sur une catégorie de leucocytes, les granulocytes neutrophiles.

5. Myélo/gramme et médullo/gramme sont des termes synonymes. Il s'agit de l'étude cytologique, au microscope, de la moelle osseuse (moelle rouge, principal organe hématopoïétique) après prélèvement (le plus souvent par ponction sternale) et coloration des frottis.

6. Le spléno/gramme est l'étude cytologique de la rate par examen au microscope de frottis obtenus après prélèvement biopsique au niveau de cet organe.
L'adéno/gramme est l'étude cytologique d'un ganglion lymphatique par examen au microscope de frottis obtenus après prélèvement biopsique (ici il s'agit souvent d'une biopsie-exérèse).
La rate et les ganglions lymphatiques sont des organes hématopoïétiques. Les examens paracliniques cités sont des examens hématologiques utilisés en cas d'hémopathies malignes.

3.1. Épistaxis = saignement de nez ; hémat/urie = présence de sang (donc d'hématies) dans les urines ; hémo/ptysie = crachement de sang (rejet de sang par la bouche) venant des voies respiratoires ; hémo/lyse = destruction des globules rouges ; hémat/émèse = vomissement de sang venant des voies digestives hautes.
Le terme qui ne correspond pas à une hémorragie extériorisée est « hémolyse ».

3.2. La formule leucocytaire comprend l'étude qualitative et quantitative de toutes les catégories de globules blancs : les granulo/cytes (éosino/philes, neutro/philes, baso/philes), les lympho/cytes, les mono/cytes. Les thrombo/cytes sont les plaquettes, cellules qui n'appartiennent pas à la lignée leucocytaire.

4. 1. hématopoïèse ; 2. hyperleucocytose ; 3. myélogramme ou médullogramme ; 4. sidérémie ; 5. anticoagulant.

PHYSIOPATHOLOGIE

1.1. Glyc/émie = concentration (quantité par litre) du sang en glucose ; azot/émie = concentration du sang en urée ; uric/émie = concentration du sang en acide urique ; calc/émie = quantité de calcium par litre de sang ; natr/émie = quantité de sodium par litre de sang ; fibrin/émie = quantité de fibrinogène par litre de sang ; kali/émie = quantité de potassium par litre de sang ; chlor/émie = quantité d'ions chlorures (Cl^-) par litre de sang ; protid/émie = quantité de protéines par litre de sang ; tri/glycérid/émie = quantité de triglycérides par litre de sang.

1.2. Examens urinaires concernant des substances normalement présentes dans les urines (suffixe = -urie) : azot/urie, uricos/urie, calci/urie, natri/urie, kali/urie, chlor/urie.

Il faut tenir compte de la diurèse des 24 heures car le volume d'urines émis varie beaucoup en fonction de l'alimentation, de la température extérieure, de l'activité physique, de l'état pathologique…

1.3. Examens sur le liquide céphalorachidien (suffixe = -rachie) : glyco/rachie, protéino/rachie, chloru/rachie ou chloruro/rachie.

2. Érythro/pénie = diminution du nombre de globules rouges dans le sang (cellules assurant le transport d'O_2) ; hyper/leucocytose = augmentation du nombre de leucocytes dans le sang (cellules intervenant dans la défense de l'organisme) ; poly/globulie = augmentation du nombre de globules rouges dans le sang ; thrombo/pénie = diminution du nombre de plaquettes dans le sang (agents de l'hémostase) ; hypo/prothrombin/émie = diminution de la teneur sanguine en prothrombine (TP).
A/sthénie = fatigue, signe qui peut être dû à un manque de dioxygène au niveau des tissus, d'où l'association possible avec l'érythropénie.
Pyo/rrhée = écoulement de pus dû à un germe pyo/gène (qui provoque la formation de pus) ; l'infection provoquant normalement une stimulation des défenses immunitaires, ce terme est à associer avec l'hyperleucocytose.
Gingivo/rragies = saignements des gencives qui peuvent être liés à un trouble de la coagulation, d'où la relation avec la thrombopénie et/ou l'hypoprothrombinémie ; de plus, des hémorragies fréquentes provoquent un déficit en hématies, et peuvent donc être à l'origine d'une érythropénie.
Érythr/ose = coloration rouge permanente (surtout du visage) liée à une polyglobulie.

3.1. Puisque des agents pathogènes sont dans le sang, des prélèvements sanguins placés sur des milieux de culture (avant tout traitement antibiotique) peuvent mettre en évidence l'agent pathogène ; c'est l'**hémoculture**, plus facile à réaliser pour une infection bactérienne que pour une infection virale.
Pour lutter contre l'agression par les micro-organismes pathogènes, l'organisme fabrique des anticorps spécifiques (immunité humorale). La recherche des anticorps ou **sérodiagnostic** est pratiquée en mettant, *in vitro*, le sérum du malade en contact avec des antigènes connus, que l'on suspecte d'être responsables de l'infection en cours ; la réaction antigène-anticorps est visualisée par agglutination, hémolyse ou d'autres méthodes ; le sérodiagnostic (ou immunodiagnostic) peut être qualitatif ou quantitatif, mais les anticorps ne peuvent être décelés en quantité suffisante que 10 à 15 jours après le début de la maladie. Le diagnostic précoce est donc obtenu par hémoculture.

3.2. • Séropositivité = présence d'anticorps spécifiques d'un agent pathogène dans le plasma d'un sujet ; il faut préciser à quel agent pathogène la séropositivité se réfère. Tout sujet vacciné contre une maladie infectieuse est séropositif pour l'agent concerné.
• Séronégativité = absence d'anticorps dirigés contre un antigène déterminé.
• Séroconversion = période correspondant à l'apparition des premiers anticorps décelables dans le sang d'un sujet atteint d'une maladie infectieuse ou parasitaire ; la séroconversion correspond au passage de la séronégativité à la séropositivité.

RAPPELS

1. 1 : nez = nas(o) et rhin(o) ; 2 : pharynx = pharyng(o) ; 3 : larynx = laryng(o) ; 4 : trachée = traché(o) ; 5 : bronches = bronch(o) ; 6 : alvéole = alvéol(o) ; 7 : poumon = pneum(o), pulm(o) ; 8 : plèvre = pleur(o) ; 9 : diaphragme = phrén(o), diaphragm(o).

2. • Sternum : situé en avant, stern(o) ; rachis : situé en arrière, le rachis dorsal est constitué par les vertèbres dorsales, rachis = rach(i), vertèbre = spondyl(o) ; côtes : reliées au rachis et au sternum sauf pour les deux dernières paires de côtes (côtes flottantes), cost(o) ; clavicules et omoplates constituent la ceinture scapulaire, clavicule = clavicul(o), épaule = scapul(o).

BIOLOGIE

1.

OBSERVATION COMPARATIVE DES COURBES	EXPLICATIONS
Dans les deux cas, le volume de dioxygène transporté augmente avec la pression partielle de ce gaz mais, à pression partielle égale, le sang total transporte beaucoup plus de dioxygène (jusqu'à 19,5 mL O_2/100 mL sang) que le plasma (moins de 0,5 mL O_2/100 mL plasma).	Dans le plasma, le dioxygène est transporté à l'état de gaz dissous. Le volume transporté sous cette forme est faible. Le sang total contient des hématies riches en hémoglobine. Or chaque molécule d'hémoglobine peut fixer 4 molécules de dioxygène en passant de l'état de désoxyhémoglobine à l'état d'oxyhémoglobine ; ceci explique l'importance du transport du dioxygène par le sang total lorsque la pO_2 augmente.
Le transport plasmatique augmente faiblement de façon continue (pente faible). Le transport du dioxygène par le sang total atteint un maximum (plateau de la courbe). Au-delà de la valeur 19,5 mL O_2/100 mL de sang, l'augmentation de la pression partielle du gaz ne modifie plus de façon significative le volume de gaz transporté.	Lorsque la pO_2 est élevée, les molécules d'hémoglobine présentes dans les hématies sont saturées par le dioxygène (oxyhémoglobine). L'augmentation du volume de dioxygène sous forme dissoute étant faible, le transport du dioxygène atteint quasiment son niveau maximal.

2.1. Les échanges gazeux respiratoires obéissent aux lois physiques de la diffusion : le gaz va du milieu où sa pression partielle est la plus élevée vers celui où elle est la plus faible. Les échanges sont d'autant plus efficaces que la différence de pression partielle entre les compartiments est plus grande.
Au niveau pulmonaire, le sang qui arrive est caractérisé par une pO_2 faible et une pCO_2 élevée : sang non hématosé ; le dioxygène diffuse de l'air alvéolaire (pO_2 = 14 kPa) dans le sang (pO_2 = 5,3 kPa) ; le dioxyde de carbone diffuse du sang (pCO_2 = 6,1 kPa) dans l'air alvéolaire (pCO_2 = 5,3 kPa). Les échanges permettent d'at-

teindre l'équilibre des pressions partielles entre le sang et l'air alvéolaire. Le sang quitte les poumons chargé de dioxygène (pO_2 = 14 kPa) et pauvre en dioxyde de carbone (pCO_2 = 5,3 kPa) : sang hématosé.

L'hématose est donc la transformation que subit le sang au niveau des poumons par fixation de dioxygène et élimination de l'excès de dioxyde de carbone.

2.2. **a.**

	VAISSEAUX PULMONAIRES (circulation pulmonaire)	VAISSEAUX TISSULAIRES (circulation systémique)
Sang hématosé	Veines	Artères
Sang non hématosé	Artères	Veines

b. • Le sang artériel est riche en dioxygène et pauvre en dioxyde de carbone : faux, les artères pulmonaires contiennent du sang non hématosé (voir tableau ci-dessus).
• Le sang artériel peut être hématosé ou non : vrai, voir tableau ci-dessus.
• Le sang artériel arrive aux organes : vrai, les artères (terme d'anatomie) conduisent le sang des ventricules cardiaques vers les organes.
• Le sang veineux quitte les organes : vrai, les veines (terme d'anatomie) conduisent le sang des organes vers les oreillettes du cœur.
• Le sang veineux est pauvre en dioxygène et riche en dioxyde de carbone : faux, les veines pulmonaires conduisent du sang hématosé (voir tableau ci-dessus).
• Le sang veineux peut être hématosé ou non : vrai, voir tableau ci-dessus.

3.1.

$$\underset{\text{Désoxyhémoglobine}}{Hb} + \underset{\text{Dioxygène}}{4\,O_2} \underset{\textit{Autres tissus}}{\overset{\textit{Poumons}}{\rightleftharpoons}} \underset{\text{Oxyhémoglobine}}{Hb(O_2)_4}$$

3.2. **a.** Analyse de la courbe 1 :
Le dioxygène étant une des molécules engagées dans la réaction réversible ci-dessus, l'équilibre de cette réaction est déplacé par des variations de pO_2.

OBSERVATIONS	DÉDUCTIONS
À pression partielle de dioxygène élevée (pO_2 entre 10 kPa et 14 kPa), le pourcentage de saturation de l'hémoglobine est élevé (> 90 %) et varie peu (faible pente de la courbe).	À pO_2 élevée, le résultat de l'équilibre de la réaction est en faveur de la fixation du dioxygène sur l'hémoglobine et des variations de pO_2 même importantes (14 – 10 = 4 kPa) modifient peu cet équilibre. L'oxyhémoglobine reste la forme majoritaire.
À pO_2 faible (entre 2 kPa et 7 kPa), le pourcentage de saturation de l'hémoglobine augmente beaucoup avec l'augmentation de pO_2 (de 20 à 85 %) ; cette variation étant importante la pente de la courbe est forte.	À pO_2 faible, des variations même faibles de pO_2 modifient l'équilibre de la réaction. Toute baisse de pO_2 déplace fortement l'équilibre dans le sens de la libération du dioxygène et inversement toute augmentation de pO_2 favorise la formation d'oxyhémoglobine.

b. Les valeurs mesurées de pO_2 alvéolaire données dans le tableau montrent que, de 0 à 1 500 mètres d'altitude, celle-ci reste supérieure à 10 kPa. D'après l'étude faite à la question précédente, le pourcentage de saturation de l'hémoglobine est, dans ces conditions, supérieur à 90 %. Donc un séjour à une altitude inférieure à 1 500 mètres, malgré la baisse de pO_2 dans l'air alvéolaire, ne modifie pas de façon importante les conditions de l'hématose qui peut se faire correctement. Un sujet sain, à de telles altitudes, ne ressent pas de gêne.
Les valeurs mesurées de pO_2 alvéolaire données dans le tableau montrent que, au-dessus de 3 000 mètres d'altitude, celle-ci atteint des valeurs inférieures à 7,6 kPa ; d'après l'étude faite à la question précédente, le pourcentage de saturation de l'hémoglobine diminue de façon importante dans ces conditions. Donc, lors d'un séjour à haute altitude, à cause des valeurs faibles de pO_2 dans l'air alvéolaire, l'hématose ne se fait pas correctement et une hypoxémie s'installe chez un sujet sain, même au repos. Le fonctionnement des cellules est d'autant plus perturbé que l'altitude est plus élevée ou que l'activité physique est plus importante, ce qui est bien connu des alpinistes.

c. Le dioxygène est utilisé par les cellules pour la production de l'énergie nécessaire à leur activité. Lorsque le niveau d'activité musculaire augmente, les cellules consomment davantage de dioxygène ce qui explique la diminution de la valeur de pO_2 localement. D'après l'étude de la courbe (1), la baisse de pO_2, à pO_2 faible, favorise la libération du dioxygène.
Le pourcentage de saturation de l'hémoglobine passe de 95 % dans le sang qui arrive à 60 % si pO_2 = 4 kPa, ce qui entraîne la libération de 35 % du dioxygène transporté et à 20 % si pO_2 = 2 kPa, ce qui entraîne la libération de 75 % du dioxygène transporté, d'où 40 % de dioxygène sanguin disponible en plus. La baisse de pO_2 locale, en favorisant la libération de dioxygène à partir de l'oxyhémoglobine, conduit à la récupération par les cellules d'une quantité plus importante de dioxygène transporté.

3.3. **a.** Le dioxyde de carbone est transporté dans le sang sous trois formes différentes : gaz dissous, ions hydrogénocarbonates et carbaminoprotéines.
• À l'état de gaz dissous (quantité faible), le CO_2 se trouve dans le plasma et le cytoplasme des cellules sanguines.
• Les ions hydrogénocarbonates, forme majoritaire du transport de CO_2, sont dus à la réaction de cette molécule avec l'eau :

$$\underset{\text{dioxyde de carbone}}{CO_2} + \underset{\text{eau}}{2\,H_2O} \rightleftharpoons \underset{\text{oxonium}}{H_3O^+} + \underset{\text{hydrogénocarbonate}}{HCO_3^-}$$

Cette réaction a lieu surtout dans les hématies où se trouve l'enzyme qui la catalyse. [Les ions oxonium (ou hydronium) produits sont neutralisés par la forme basique des couples acide-base du sang (systèmes tampons), ce qui évite la baisse de pH sanguin, à l'état normal].
• Les carbaminoprotéines (quantité faible) proviennent de la fixation du CO_2 sur

des fonctions amines libres des protéines sanguines, en particulier sur les globines de l'hémoglobine des hématies : l'hémoglobine est transformée en carbaminohémoglobine.

b.

ANALYSE DES COURBES	DÉDUCTIONS
La courbe (2) (pCO_2 = 2,7 kPa) est décalée vers la gauche de la courbe (1) : pour toute pO_2 donnée, le pourcentage de saturation de l'hémoglobine par le dioxygène est plus élevé lorsque pCO_2 est basse.	La formation d'oxyhémoglobine augmente lorsque la quantité de dioxyde de carbone présent dans le sang diminue.
La courbe (3) (pCO_2 = 10,7 kPa) est décalée vers la droite de la courbe (1) : pour toute pO_2 donnée, le pourcentage de saturation de l'hémoglobine par le dioxygène est plus faible lorsque pCO_2 est élevée.	La dissociation de l'oxyhémoglobine et la libération du dioxygène transporté augmentent lorsque la quantité de dioxyde de carbone présent dans le sang augmente.

– **Au niveau des tissus**, les réactions du métabolisme cellulaire utilisent du dioxygène et produisent du dioxyde de carbone. La diffusion de ce dernier gaz vers le sang crée une augmentation de pCO_2, ce qui favorise la libération du dioxygène, déjà importante à cause de la faible pO_2 qui règne localement.
– **Au niveau des poumons**, la diffusion du dioxyde de carbone vers l'air alvéolaire crée une baisse de pCO_2 dans le sang, ce qui augmente la fixation du dioxygène sur l'hémoglobine, déjà importante à cause de la forte pO_2 qui règne localement.
Conclusion : il y a interaction entre les différents facteurs physiologiques qui règlent les échanges gazeux, leurs effets complémentaires augmentant l'efficacité de ces échanges.

TERMINOLOGIE

1. rhino/rrhée = écoulement de liquide ou de mucus par le nez ; pharyng/ite = inflammation du pharynx ; trachéo/tomie = incision de la trachée ; laryng/ectomie = ablation du larynx ; bronch/ite = inflammation des bronches ; pneumonie = terme désignant une maladie infectieuse au niveau des poumons ; pleur/ite = inflammation de la plèvre sans épanchement ; cyan/ose = coloration bleue de la peau et des muqueuses due à un manque de dioxygène dans le sang ; pneumo/logie = spécialité médicale étudiant les poumons, leurs maladies et le traitement de ces dernières ; poly/pnée = respiration rapide et superficielle ; thoraco/centèse = ponction pleurale ; pyo/pneumo/thorax = épanchement de pus et d'air dans la plèvre.

2.1. 1. dys/pnée ; 2. a/pnée ; 3. brady/pnée ; 4. hémat/ose ; 5. bronch/ectasie ; 6. spiro/métrie ; 7. hémo/ptysie ; 8. pneum/ectomie ; 9. pneumo/thorax ; 10. thoraco/tomie ; 11. pneumo/coniose.

2.2. • Deux racines polysémiques :
- thoraco = thorax (ex. : thoracotomie) mais parfois plèvre (ex. : pneumothorax) ;
- pneumo = poumon (ex. : pneumectomie) mais parfois air (ex. : pneumothorax).

• Deux racines ayant le même sens :
- pnée = respiration (ex. : dyspnée, apnée) ;
- spiro = respiration (ex. : spirométrie).

3. 1. tabagisme = dépendance d'un sujet à la nicotine présente dans la fumée de tabac, mais aussi dépendance psychologique « au geste » (allumer, utiliser la cigarette) : c'est une toxicomanie au tabac ; tabagisme passif = conséquences de l'exposition du sujet non fumeur à la fumée produite par les fumeurs de l'entourage. Le tabagisme est donc une intoxication volontaire tandis que le tabagisme passif est involontaire.
2. hypoxémie = diminution de la quantité de dioxygène contenu dans le sang ; hypoxie = diminution de l'apport de dioxygène au niveau d'un tissu ou d'un organe. L'hypoxie est une conséquence de l'hypoxémie.
3. tachypnée = accélération du rythme respiratoire ; orthopnée = difficulté respiratoire obligeant le malade à se redresser (à s'asseoir) pour mieux respirer.
Les deux termes désignent des difficultés respiratoires.
4. dépendance psychique = le sujet toxicomane ressent le besoin de consommer la drogue car il espère retrouver un état particulier qu'il considère comme agréable ; dépendance physique = l'organisme du toxicomane est tellement dépendant de la drogue que la privation entraîne des troubles physiques (somatiques) très désagréables, parfois dangereux (mort possible dans certains cas).
La dépendance psychique précède en général la dépendance physique mais le plus souvent, plus ou moins rapidement, les deux types de dépendance sont associés.

PHYSIOPATHOLOGIE

1.

	HÉROÏNOMANIE	TABAGISME	ALCOOLISME
Déchéance psychique	Démence.		Encéphalopathie éthylique, démence...
Déchéance physique	Insuffisance rénale...	Insuffisance respiratoire chronique, angor, infarctus du myocarde, artérite des membres inférieurs.	Insuffisance hépatique, hypertension portale, cirrhose, pancréatite chronique.
Infections	Risque de sida, d'hépatites B et C, si partage de seringues.	Infections respiratoires à répétition, bronchite chronique.	Diverses infections par atteinte de l'état général.
Cancer		Bronches, voies aérodigestives supérieures, vessie, côlon, utérus.	Voies aérodigestives supérieures, pancréas, foie.

2.

Examens paracliniques	Principe	Avantages	Inconvénients	Principale indication
Radiographie thoracique	Examen utilisant les rayons X.	Examen rapide, facile à réaliser.	Utilisation des RX, résultats parfois imprécis.	Premier examen pratiqué en cas d'atteintes pulmonaires.
Scanographie thoracique	Rayons X + amplificateur + ordinateur.	Images précises.	Appareillage relativement cher et encombrant.	Examen utilisé en deuxième intention si une lésion a été dépistée à la radiographie.
Fibrobron-choscopie	Examen direct de l'intérieur des bronches.	Visualisation des lésions, prélèvements, biopsies sous contrôle de la vue.	Examen invasif.	Dépistage des tumeurs, des infections respiratoires (ex. : tuberculose).
Spirométrie	Mesure des volumes d'air mobilisés.	Examen facile à réaliser, peu onéreux.	Coopération du sujet nécessaire.	Exploration de la fonction respiratoire chez un asthmatique, un tabagique...
Gazométrie	Dosage de O_2 et CO_2 dans le sang.	Examen facile à pratiquer, résultat vite obtenu.	Nécessité d'une prise de sang.	Exploration de la fonction respiratoire et contrôle de l'homéostasie.

3.1.

Substance	Conséquences physiopathologiques	Risques pathologiques
1 - Monoxyde de carbone	Formation de carboxyhémoglobine, hypoxémie.	Ischémie en particulier myocardique.
2 - Nicotine	- Fixation sur les récepteurs cérébraux. - Augmentation de la sécrétion acide gastrique. - Libération de sérotonine, adrénaline, noradrénaline. - Augmentation du fibrinogène et de l'adhésivité des plaquettes. - Vasoconstriction artérielle. - Augmentation de la lipémie et baisse du HDL cholestérol.	- Dépendance. - Cicatrisation difficile des ulcères gastroduodénaux. - Risque d'hypertension artérielle augmentation de la nervosité. - Risque de thrombose et facteurs favorisant les complications de l'athérosclérose (artérite des membres inférieurs, angor, infarctus du myocarde).
3 - Goudrons	- Action immunodépressive. - Diminution de la vitamine C et de certains pro-enzymes.	- Cancers des bronches, des voies aérodigestives supérieures, de la vessie, du côlon, de l'utérus. - Atteinte de la peau et des phanères.
4 - Substances irritantes	- Diminution de l'action des cils de la muqueuse bronchique. - Hypersécrétion de mucus. - Bronchoconstriction. - Majoration des réactions allergiques.	- Infections respiratoires à répétition, bronchite chronique et évolution vers l'insuffisance respiratoire chronique sévère.

3.2. et .3.3.

Pathologies	Signes cliniques	Examens paraclinique
1 - Ischémie (due à CO)	Précordialgies à l'effort, dyspnée.	ECG, gazométrie.
2 - Dépendance - Ulcères - HTA, nervosité - Athérosclérose et complications (effets dus à la nicotine)	- Besoin de fumer pour absorber de la nicotine et ressentir ses effets. - Gastralgies. - Tachycardie, élévation de la tension artérielle, stimulation intellectuelle mais signes de nervosité. - Précordialgies à l'effort (angor), douleurs à la marche (artérite des membres inférieurs).	- Nicotinémie et cotininurie (examens biochimiques). - Fibrogastroscopie. - ECG. - Bilans lipidique, glucidique (examens biochimiques), bilan de l'hémostase. - ECG, Doppler et écho-Doppler cardiaque.
3 - Cancers - Atteinte de la peau (due aux goudrons)	- Toux, dyspnée, hémoptysies, modification de la voix. - Dysphagie, anorexie, amaigrissement. - Dysurie, hématurie. - Troubles du transit intestinal, méléna, rectorragies. - Métrorragies. - Jaunissement des doigts, des ongles, vieillissement de la peau.	- Radiographies et scanographies thoraciques, fibrobronchoscopie. - Fibro-œsophagoscopie. - Cystoscopie (plutôt que cystographie). - Coloscopie (plutôt que lavement baryté). - Étude anatomopathologique de biopsies cervicales (col utérin).
4 - Infections respiratoires (effets dus aux substances irritantes)	- Rhinorrhée, bronchorrhée, toux, expectorations, fièvre parfois, dyspnée, cyanose, - Parfois conséquences cardiaques.	- Radiographies ou scanographies thoraciques, étude bactériologique des expectorations spirométrie, gazométrie (exploration fonctionnelle respiratoire). - ECG.

4. Le rythme respiratoire correspond au nombre de mouvements respiratoires par minute ; il suffit de compter sur le schéma : dans le premier cas, il y a 12 mouvements/minute ; dans le deuxième cas, il y en a 14/minute.
Le volume d'air courant est dans le premier cas de 0,5 litre/mouvement et dans le deuxième cas de 0,9 litre/mouvement.
L'enregistrement montre que les mouvements respiratoires sont plus rapides et plus amples immédiatement après avoir fumé une cigarette ; ces modifications sont destinées à compenser l'hypoxémie liée au tabagisme.

5. La quantité de dioxygène (O_2) présente dans le sang est plus faible (environ - 10 %) chez le fumeur que chez le non-fumeur.
La quantité de monoxyde de carbone (CO) est environ 7 à 8 fois plus importante chez le fumeur que chez le non-fumeur or le CO se fixe à l'hémoglobine (carboxy-hémoglobine) à la place de l'O_2, diminuant l'hématose (d'où hypoxémie et hypoxie). Le manque d'O_2 provoque un essoufflement (dyspnée) lors d'un effort physique chez le fumeur, l'accélération du rythme respiratoire étant destinée à compenser l'hypoxémie.

RAPPELS

1. angio = vaisseau, ex. : angiographie, angiologie /cardio = cœur, ex. : cardiologie, cardiomégalie /artério = artère, ex. : artériographie, artérite /vaso = vaisseau, ex. : vasoconstricteur, vasomotricité /phlébo = veine, ex. : phlébite, phlébectasie /bio = vie, ex. : biopsie, antibiotique /algo = douleur, ex. : antalgique, gastralgie /vasculo = vaisseau, ex. : vasculaire, vasculotrope.

2. /rrhée : rhinorrhée, otorrhée, bronchorrhée, leucorrhées, pyorrhée, aménorrhée, dysménorrhée (ménorrhée = écoulement menstruel, « du mois ») ;
/rragie : hémorragie, gastrorragie, rhinorragie, métrorragie, rectorragie, gingivorragie, otorragie.

BIOLOGIE

1.1. Le schéma représente l'appareil cardio-vasculaire.
Légendes : 1 : veine cave supérieure (VCS) ; 2 : artère pulmonaire droite ; 3 : réseau capillaire pulmonaire droit ; 4 : poumon droit ; 5 : veines pulmonaires droites ; 6 : oreillette droite (OD) ; 7 : ventricule droit (VD) ; 8 : veine sus-hépatique ; 9 : veine cave inférieure (VCI) ; 10 : foie ; 11 : veine rénale ; 12 : reins ; 13 : artère aorte ; 14 : artère pulmonaire ; 15 : oreillette gauche (OG) ; 16 : ventricule gauche (VG) ; 17 : artère hépatique ; 18 : veine porte hépatique ; 19 : artère mésentérique ; 20 : tube digestif (ou intestin) ; 21 : artère rénale.

1.2. • **Entre oreillette et ventricule** se trouvent les valvules auriculo-ventriculaires (à valves membraneuses), tricuspides à droite (entre 6 et 7), mitrales ou bicuspides à gauche (entre 15 et 16). Ouvertes (plaquées contre la paroi du ventricule), elles permettent le passage du sang de l'oreillette vers le ventricule. Fermées (soulevées par le sang), elles empêchent le reflux du sang vers l'oreillette.
• **Entre ventricule et artère** se trouvent les valvules sigmoïdes (à valves en demi-lune), à droite entre VD et artère pulmonaire, à gauche entre VG et artère aorte. Ouvertes (plaquées contre la paroi de l'artère), elles permettent le passage du sang du ventricule vers l'artère. Fermées (emplies de sang et obstruant la lumière de l'artère), elles empêchent le reflux du sang vers le ventricule.

2.1. Les variations de pression sanguine dans les cavités cardiaques (courbe a) et de volume sanguin ventriculaire (courbe b) sont liées à la contraction du myocarde. Les bruits du cœur (courbe c) sont liés au fonctionnement des valvules. Ils surviennent à leur fermeture. L'ensemble met en évidence les phénomènes mécaniques de l'activité cardiaque.
L'ECG (courbe d) est lié aux changements de polarisation des cellules du myocarde ; il met en évidence les phénomènes électriques de l'activité cardiaque.

2.2. Le sang va, selon un principe physique, de la zone de haute pression vers la zone de basse pression à condition que la communication soit possible, c'est-à-dire si les valvules sont ouvertes. Les variations de pression sanguine, dans les cavités cardiaques et les artères, sont à l'origine du jeu des valvules et du déplacement du sang. L'analyse porte sur les parties des courbes a, b et c situées entre le début des deux bruits (repères 2 et 4).

ANALYSE DES ENREGISTREMENTS a, b, c	EXPLICATIONS
a et c, au repère 2, premier bruit : - la pression ventriculaire qui augmente devient supérieure à celle qui règne dans l'oreillette ; - la pression ventriculaire est encore inférieure à la pression aortique.	- C'est le début de la contraction du myocarde ventriculaire ; les valvules auriculo-ventriculaires, décollées par le sang qui tente de refluer vers l'oreillette, se ferment (d'où le 1er bruit) ; - dans ces conditions, les valvules sigmoïdes sont fermées sous l'effet du reflux de sang à partir de l'aorte.
a et b, entre les repères 2 et 3 : - le volume sanguin ventriculaire est maximal et ne varie pas ; - la pression ventriculaire augmente rapidement.	- En effet, les valvules étant toutes fermées, le sang est enfermé dans le ventricule ; - la contraction ventriculaire se faisant à volume constant, la pression exercée sur le sang s'élève.
a et b, entre les repères 3 et 4 : - la pression ventriculaire devient et reste supérieure à la pression aortique ; - le volume sanguin ventriculaire diminue.	- Dans ces conditions, le sang sous pression ouvre les valvules sigmoïdes en les plaquant contre la paroi de l'aorte ; - le sang étant éjecté, le ventricule se vide en partie.
a et c, au repère 4, deuxième bruit : - la pression ventriculaire devient inférieure à la pression aortique.	- C'est la fin de la contraction ventriculaire : le sang, en refluant de l'aorte vers le ventricule, décolle les valvules sigmoïdes qui se ferment (d'où le 2e bruit).
La phase comprise entre les deux bruits correspond donc à la phase de contraction du ventricule ou **systole ventriculaire.**	

La phase entre les repères 1 et 2 qui précède la systole ventriculaire est la **systole auriculaire** caractérisée, sur l'enregistrement a, par l'augmentation (faible) de la pression dans l'oreillette et dans le ventricule, les deux cavités communiquant par les valvules auriculo-ventriculaires ouvertes.

La phase entre les repères 4 et 6 qui suit la systole ventriculaire est la **diastole générale**, caractérisée, sur l'enregistrement a, par la chute de pression dans le ventricule (entre 4 et 5) et son maintien à un niveau faible dans les deux cavités (entre 5 et 6). Elle correspond à l'absence de contraction dans tout le myocarde.

L'ensemble (entre 1 et 6) délimite un **cycle ou révolution cardiaque** : systole auriculaire, systole ventriculaire, diastole générale.

2.3. • **Origine histologique** : les phénomènes électriques cardiaques prennent naissance dans un tissu spécialisé : le tissu nodal, présent dans le myocarde. Il comprend : le nœud sinusal à la jonction de la VCS avec l'oreillette droite, le nœud auriculo-ventriculaire (ou septal) à la base de l'oreillette droite, relié au faisceau de His prolongé par le réseau de fibres de Purkinge, tous deux répartis dans le myocarde ventriculaire.

• **Origine physiologique** : ces phénomènes électriques naissent de la dépolarisation par auto-excitabilité régulière et hiérarchisée de la membrane des cellules du tissu nodal. Quatre phases se succèdent :

– **l'onde P** traduit la dépolarisation membranaire des cellules du myocarde auriculaire, qui naît par auto-excitabilité des cellules du nœud sinusal et se propage à travers l'oreillette vers le nœud auriculo-ventriculaire ; elle précède et déclenche la systole auriculaire ;

– **le complexe QRS** traduit la dépolarisation membranaire des cellules du myocarde ventriculaire, qui part du nœud auriculo-ventriculaire et se propage par le faisceau de His et les fibres nodales ; cette dépolarisation précède et déclenche la systole ventriculaire ;

– **l'onde T** traduit la repolarisation membranaire des cellules du myocarde ventriculaire (retour progressif au potentiel de repos) ; comme cette repolarisation accompagne la systole ventriculaire, elle rend impossible une tétanisation du cœur ;

– **le silence électrique** qui suit traduit le maintien des membranes cellulaires au potentiel de repos ; il caractérise la diastole générale et dure jusqu'à la naissance d'une nouvelle dépolarisation.

2.4. La pression artérielle est la pression exercée par le sang sur la paroi des artères. Elle dépend de la volémie, du débit cardiaque et de la résistance des artères à l'écoulement du sang elle-même liée à l'élasticité des grosses artères et au tonus vasomoteur des muscles des artères moyennes et des artérioles. Sa mesure s'exprime par deux valeurs : la pression maxima (ici entre 15 et 16 kPa), obtenue au cours de la systole ventriculaire, donc valeur systolique, et la pression minima (ici entre 10 et 11 kPa), obtenue en fin de diastole, donc valeur diastolique.

Remarque : en pratique médicale, les valeurs de la pression artérielle sont données en cm de mercure (ici 12 - 7) ou en mm de mercure (ici 120 - 70).

2.5. Le débit cardiaque est le volume de sang éjecté par chaque ventricule dans la circulation artérielle correspondante, par unité de temps. Il s'exprime en $L.min^{-1}$.
Il se calcule en multipliant le volume de sang éjecté à chaque systole ventriculaire, en $L.cycle^{-1}$, par la fréquence cardiaque, en $cycles.min^{-1}$.

D'après les enregistrements :

• un cycle dure un peu moins de 0,9 seconde, soit 60 : 0,9 = 66,6 $cycles.min^{-1}$, c'est-à-dire environ 67 $cycles.min^{-1}$;

• le volume sanguin ventriculaire passe de 135 mL à 65 mL, soit 70 mL (0,07 L) de sang éjecté par cycle.

Le débit cardiaque calculé à partir de l'enregistrement est donc de : $0{,}070 \times 67 = 4{,}69\ L.min^{-1}$.

Sa valeur pourrait être augmentée :

• soit par augmentation du volume d'éjection systolique, possible car le ventricule n'est pas vide à la fin de la systole (il reste encore 65 mL), mais la mobilisation d'une partie de cette réserve postsystolique nécessite une augmentation de puissance de la systole ventriculaire ;
• soit par augmentation de la fréquence cardiaque, possible par exemple par raccourcissement de la durée de la diastole générale.
Ces deux modifications de l'activité cardiaque sont sous la dépendance d'une régulation nerveuse.

3.1. La diminution de la fréquence cardiaque se nomme bradycardie. L'augmentation de la fréquence cardiaque se nomme tachycardie.
Analyse des expériences et de leurs résultats qualitatifs :

OBSERVATIONS	DÉDUCTIONS
a - L'augmentation de la pression artérielle dans la partie initiale de la carotide interne, en étirant la paroi de l'artère, déclenche une bradycardie. Si l'étirement est nul, par arrêt circulatoire, on observe une tachycardie.	Il existe dans la paroi, à la naissance de cette artère, des structures sensibles à un stimulus mécanique lié à la pression : les barorécepteurs (ou mécanorécepteurs) qui sont des éléments de la régulation du rythme cardiaque, par réflexe nerveux.
b - Après section bilatérale des nerfs N1, on n'a plus de réponse à l'étirement carotidien. C'est le bout central qu'il faut exciter pour obtenir une réponse. La réponse est une bradycardie.	Les nerfs N1 sont des éléments de la régulation par réflexe déclenchée par les barorécepteurs. Ce sont des nerfs afférents. Les influx nerveux centripètes qu'ils conduisent ont un effet globalement cardiomodérateur.
c - Après section bilatérale des nerfs N2, on observe une tachycardie. C'est le bout périphérique de N2 qu'il faut exciter pour déclencher une réponse. La réponse est une bradycardie.	Les nerfs N2 sont des éléments d'un réflexe cardiomodérateur. Les nerfs N2 sont des nerfs efférents. Les influx nerveux qu'ils conduisent sont centrifuges et cardiomodérateurs.
d - Après section bilatérale des nerfs N3, on observe une bradycardie. C'est le bout périphérique de N3 qu'il faut exciter pour déclencher une réponse. La réponse est une tachycardie.	Les nerfs N3 sont des éléments d'un réflexe cardioaccélérateur. Les nerfs N3 sont des nerfs efférents. Les influx nerveux qu'ils conduisent sont centrifuges et cardioaccélérateurs.

La régulation du rythme cardiaque par réflexe nerveux fait intervenir des barorécepteurs carotidiens dont sont issus des nerfs afférents N1. L'organe effecteur de la réponse réflexe est le cœur qui reçoit une double commande : cardiomodératrice par les nerfs N2, cardioaccélératrice par les nerfs N3.

3.2. Les nerfs N1 sont les nerfs de Héring, branche de la paire de nerfs crâniens IX. Ils font partie du système nerveux autonome parasympathique qui contrôle les fonctions vitales de base.
Les nerfs N2 sont les branches cardiaques de la paire de nerfs crâniens X, ou nerfs pneumogastriques ou nerfs vagues. Ils font partie du système nerveux autonome parasympathique dont l'effet est cardiomodérateur.
Les nerfs N3 sont les nerfs sympathiques cardiaques. Ils font partie du système ner-

veux autonome sympathique dont l'effet est cardioaccélérateur.
Les expériences n'ont pas mis en évidence les centres nerveux des deux réflexes cardiorégulateurs, qui reçoivent les influx nerveux centripètes, nés au niveau des barorécepteurs, par les nerfs afférents (nerfs de Héring), et envoient les influx nerveux centrifuges au cœur, organe effecteur, par les nerfs efférents.
Les **centres parasympathiques cardiomodérateurs** sont situés dans le bulbe rachidien, d'où partent les fibres cardiaques des nerfs X. Les **centres sympathiques cardioaccélérateurs** sont situés dans le bulbe rachidien et sont reliés aux centres sympathiques médullaires (dans la moelle épinière) d'où partent les nerfs sympathiques cardiaques.

3.3. Expérience c. La tachycardie déclenchée par la section bilatérale des nerfs parasympathiques est forte. L'influence des centres cardiomodérateurs, dont ces nerfs conduisent les influx, est donc importante.
Expérience d. La bradycardie déclenchée par la section bilatérale des nerfs sympathiques est faible. L'influence des centres cardioaccélérateurs, dont ces nerfs conduisent les influx, est donc faible.
Déduction. Sur le cœur au repos, c'est l'influence du système parasympathique qui prédomine.

4.1. Analyse des variations de débits circulatoires locaux lors d'un exercice musculaire.

OBSERVATIONS	INTÉRÊT DES MODIFICATIONS
• Augmentation du débit : - à la sortie du cœur : x 3,5 - dans le myocarde : x 3,7 - dans les muscles : x 12,5 • Augmentation du débit dans la peau : x 5.	→ Mobiliser, par unité de temps, plus de sang et ainsi couvrir les besoins en dioxygène et nutriments : - de tout l'organisme et en particulier des organes au travail ; - du myocarde, dont la contraction augmente pour élever le débit cardiaque ; - des muscles, dont la contraction augmente avec l'exercice musculaire. → Éviter l'élévation de la température interne en éliminant, dans le milieu extérieur, l'excès de chaleur produit par l'exercice.
• Maintien du débit cérébral à la même valeur.	→ Protéger les cellules nerveuses d'une hypoxie et d'une hypoglycémie auxquelles elles sont très sensibles.
• Baisse du débit dans les viscères (- 30 %).	→ Rendre disponible une partie du volume sanguin qui les irriguait et le dériver vers les organes au travail.

Ainsi, le volume de sang mobilisé augmente : c'est l'**adaptation cardiaque** ; de plus, il est réparti en fonction des besoins des organes : c'est l'**adaptation circulatoire**.

4.2. Deux types d'éléments histologiques, les muscles circulaires lisses des artérioles et les sphincters précapillaires, sont responsables des modifications circulatoires observées lors de l'exercice musculaire et présentées dans le tableau.
• **Dans la média des artérioles**, des muscles circulaires lisses commandés par le système nerveux autonome interviennent :
– leur relâchement crée une vasodilatation artériolaire, permettant l'arrivée de plus

de sang dans les organes, au niveau des territoires musculaires, myocardique et cutanés ;
– leur contraction crée une vasoconstriction artériolaire qui diminue le volume de sang admis au niveau des viscères abdominaux ;
– dans les territoires cérébraux, les muscles lisses des artérioles sont très peu innervés et échappent donc aux commandes nerveuses.
• **Au niveau des territoires capillaires**, des sphincters précapillaires, cellules musculaires lisses circulaires disposées dans la paroi des capillaires et dont l'activité dépend de facteurs locaux (pression partielle en dioxygène et en dioxyde de carbone, pH…) interviennent :
– leur relâchement permet l'admission du sang dans le territoire dépendant des sphincters ouverts ; il est fréquent dans les territoires actifs : muscles, myocarde, peau ;
– leur contraction, en fermant la lumière des capillaires, empêche l'entrée du sang dans les territoires concernés et le renvoie, par un shunt artérioveineux, dans les veines et la circulation générale ; elle est fréquente dans les territoires au repos.

5. **a. Exact**. Une coupe de ces vaisseaux montre la présence de trois couches histologiques : l'**intima**, couche fine dont fait partie l'endothélium qui tapisse la lumière du vaisseau, la **média**, couche dont l'épaisseur varie selon les vaisseaux, plus ou moins riche, d'une part, en faisceaux de fibres musculaires lisses disposées circulairement, d'autre part, en fibres élastiques, l'**adventice**, couche la plus externe, plus ou moins épais et formé de tissu conjonctif.
b. Faux. Les artères moyennes qui portent le nom de l'organe qu'elles desservent et les petites artères qui répartissent le sang à l'intérieur des tissus sont effectivement de type musculaire, avec une média riche en fibres musculaires lisses circulaires, ce qui permet des variations de leur diamètre donc du débit sanguin à leur niveau. Mais les grosses artères comme l'aorte et ses principales branches sont de type élastique : leur média est surtout riche en fibres élastiques ce qui permet leur distension lors de l'éjection systolique du sang et le retour au diamètre normal pendant la diastole. Les veines, dont la paroi est plus fine que celle des artères de même calibre, se laissent distendre, leur média est le plus souvent peu développée mais pour certaines d'entre elles, comme les veines des membres ou de l'utérus gravide, la média est riche en muscles lisses responsables de la vasoconstriction favorable à l'écoulement du sang.
c. Faux. Il est vrai que la pression sanguine est plus élevée dans la circulation artérielle, sous l'effet de la systole ventriculaire cardiaque, que dans la circulation veineuse. Mais cette pression est pulsatile et non régulière dans le système artériel justement à cause de l'alternance systole-diastole cardiaques.
d. Exact. Les valvules, replis de l'intima disposés par paire dans la lumière, sont présentes dans les veines sanguines et lymphatiques ; leur fonction est bien d'éviter le reflux du liquide – sang ou lymphe – vers la périphérie et de faciliter sa progression ; les valvules ne sont pas uniformément réparties dans le système veineux sanguin : on les trouve dans les veines petites et moyennes, en particulier dans celles des membres inférieurs.

TERMINOLOGIE

1. acro/cyanose = coloration bleue des extrémités ;
tachy/a/rythmie = rythme cardiaque rapide et irrégulier ;
toni/cardiaque = substance favorisant les contractions cardiaques ;
phlébo/graphie = radiographie des veines après opacification ;
érythr/ose = coloration rouge permanente de la peau, du visage surtout ;
sphygmo/gramme = enregistrement des pulsations cardiaques, du pouls ;
pan/card/ite = inflammation simultanée des trois tuniques du cœur : endocarde, myocarde et péricarde ;
lympho/graphie = radiographie d'un vaisseau lymphatique nécessitant l'emploi d'un produit de contraste (opacification) ;
méthode de Holter = méthode d'enregistrement sur 24 heures (d'un ECG ou de la pression artérielle ou même d'un EEG) ;
artério/pathie = terme générique des maladies des artères.

2. 1 : cardio/mégalie, 2 : a/phasie, 3 : hyp/oxie, 4 : hémi/plégie, 5 : hémi/parésie, 6 : cyan/ose, 7 : phléb/ectomie, 8 : hémo/stase, 9 : hémo/rragie, 10 : endo/carde.

3. 1. thrombose = formation d'un caillot dans un vaisseau ;
embolie = oblitération d'un vaisseau par un corps étranger (exemples : un morceau de caillot, un fragment d'athérome) entraîné dans la circulation sanguine.
Le premier terme correspond à une obstruction « sur place », le deuxième terme à l'obstruction d'un vaisseau éloigné du lieu de formation du corps étranger.

2. thrombo/lytique = substance favorisant la destruction d'un caillot ;
anti/coagulant = substance empêchant la formation de caillots.
L'anticoagulant peut être considéré comme un traitement préventif, tandis que le thrombolytique est un traitement curatif (de certains infarctus du myocarde).

3. anévrisme = dilatation de la paroi artérielle avec saillie vers l'extérieur (risque de rupture) ;
angi/ectasie = dilatation d'un vaisseau (artère, veine, lymphatique).
L'angiectasie est un terme plus général qu'anévrisme.

4. athér/ome = dépôt de lipides complexes, riches en cholestérol, dans l'intima des grosses et moyennes artères ;
athéro/sclér/ose = extension du processus athéromateux à l'ensemble des grosses et moyennes artères avec formation d'une plaque fibrolipidique et atteinte de l'intima et de la média, d'où diminution de la lumière artérielle et durcissement de la paroi.
L'athérome est le point de départ du processus d'athérosclérose.

PHYSIOPATHOLOGIE

1.1. L'auscultation est le fait d'écouter les bruits produits par certains organes à l'intérieur de l'organisme, à l'oreille ou, en général, à l'aide d'un stéthoscope, le plus

souvent au niveau du thorax (ex. : bruits du cœur, bruits accompagnant les mouvements respiratoires), parfois de l'abdomen (ex. : bruits du cœur du fœtus) ou d'une artère.
Les bruits perçus peuvent être des bruits normaux (bruits du cœur, murmure vésiculaire) ou des bruits anormaux (souffles cardiaques, râles bronchiques).
L'auscultation est associée à l'inspection, à la palpation et à la percussion, lors de l'examen clinique. Elle se situe toujours après l'interrogatoire et l'inspection. Elle peut confirmer une atteinte de l'appareil cardiovasculaire ou une atteinte de l'appareil respiratoire et ainsi orienter la prescription d'examens paracliniques (ex. : ECG, radiographies thoraciques).
L'auscultation des bruits du cœur du fœtus fait partie de l'examen clinique de la femme enceinte.

1.2 • coronaro/pathie = atteinte des artères coronaires (artères nourricières du cœur) pouvant être obstruées par des dépôts d'athérome ;
• valvulo/pathie = atteinte des valvules cardiaques pouvant entraîner des troubles du passage du sang (troubles hémodynamiques, turbulences donc possibilité de bruits anormaux) ;
• poly/globulie = augmentation du nombre de globules rouges dans le sang ;
• a/rythmie = rythme cardiaque irrégulier ;
• sténose artérielle = rétrécissement de la lumière artérielle donc turbulence, phénomènes hémodynamiques responsables d'un souffle ;
• hyper/vol/émie = augmentation du volume sanguin total circulant.
Un souffle est un bruit anormal traduisant un trouble hémodynamique (cœur, vaisseaux) ; trouvé à l'auscultation du cœur, il peut révéler une valvulopathie tandis que découvert sur le trajet d'une artère, il évoque une gêne à la circulation sanguine et traduit une sténose artérielle.

2. La prise du pouls s'effectue au niveau des artères facilement accessibles et compressibles sur un plan osseux, par exemple artères fémorale, carotide, pédieuse, temporale, radiale.
« Prendre le pouls » permet de déterminer la fréquence des contractions cardiaques, de 60 à 70 pulsations par minute, pour un adulte en bonne santé, au repos. L'accélération du rythme cardiaque se dit : tachy/cardie, le ralentissement : brady/cardie.

3.1. **a.** L'athérosclérose est le stade final d'un processus dégénératif qui débute par une plaque d'athérome (dépôt de lipides riches en cholestérol) au niveau de l'intima des grosses et moyennes artères et qui progressivement atteint la média. Lorsque la plaque d'athérome se calcifie, que l'artère se sclérose (elle se durcit) et que sa lumière se rétrécit, c'est l'athérosclérose, quasiment irréversible, qui évolue très longtemps à bas bruit et qui est révélée surtout par des complications graves.

b. Définitions des termes cités et étude de leur rapport avec l'athérosclérose.
• Les lipoprotéines à apoprotéines A1 et A2 (HDL-cholestérol) ont pour fonction de véhiculer le cholestérol vers le foie où il est catabolisé. Elles évitent ainsi l'excès de

cholestérol au niveau des cellules de l'intima, et sont donc anti-athérogènes. Parmi les mesures de prévention il est conseillé de favoriser leur présence en préférant les lipides d'origine végétale (riche en acides gras insaturés) aux lipides d'origine animale (riches en acides gras saturés, athérogènes).
• L'angor ou angine de poitrine correspond à une ischémie myocardique transitoire, c'est-à-dire à la souffrance du muscle cardiaque par manque de dioxygène au cours d'un effort du fait d'une sténose coronarienne consécutive à l'athérosclérose ; l'angor est donc une complication de l'athérosclérose siégeant au niveau des artères coronaires.
• Le diabète correspond à un trouble de la régulation de la glycémie, il se caractérise par une hyperglycémie et par des troubles du métabolisme lipidique favorisant l'athérosclérose (atteinte plus précoce et lésions plus importantes au niveau des grosses et moyennes artères = macroangiopathies du diabète).
• Une hémi/par/esthésie est un trouble diffus de la sensibilité à type de fourmillements, picotements sur la moitié droite ou gauche du corps. Ce symptôme peut apparaître lors d'un accident vasculaire cérébral, manifestation d'une ischémie du tissu nerveux due à l'athérosclérose des artères cérébrales.
• Le Doppler, fondé sur l'emploi d'un faisceau d'ultrasons se réfléchissant sur les hématies, est un enregistrement graphique renseignant sur la vitesse circulatoire du sang, sur l'état des parois vasculaires et sur les obstacles éventuels au niveau de la lumière des vaisseaux. C'est donc un examen paraclinique très utile en cas d'athérosclérose car il visualise le degré de sténose artérielle. Il est très utilisé au niveau des artères des membres inférieurs, des artères carotidiennes et cérébrales.

3.2. **a.** • M. X est atteint d'angor récidivant, manifestation clinique d'une ischémie myocardique transitoire due à une sténose artérielle au niveau des artères coronaires. Une intervention chirurgicale est envisagée pour rétablir une circulation sanguine normale dans les artères coronaires. Deux procédés peuvent être utilisés : ablation de l'obstacle ou court-circuitage de la sténose. Une désobstruction artérielle par **angioplastie transluminale** est réalisée en utilisant le laser ou une sonde à ballonnet ou une fraise rotative et bientôt les ultrasons. Le court-circuitage du ou des obstacles se fait par **pontage aortocoronarien**.
• Pour repérer la localisation de la (ou des) sténose(s) coronarienne(s), il faut pratiquer une **coronarographie** ou radiographie des artères coronaires nécessitant l'injection d'un produit de contraste après cathétérisme (cathétérisme = introduction d'un fin tuyau stérile dans un vaisseau ou un conduit de l'organisme ; ici, on remonte du pli inguinal jusqu'aux artères coronaires).

b. • L'infarctus du myocarde (IDM) est la nécrose d'un territoire myocardique par thrombose d'une artère coronaire ou de l'une de ses branches, entraînant une anoxie permanente du territoire du myocarde qui n'est plus irrigué, d'où la nécrose observée.
L'angor est l'ischémie transitoire, au moment d'un effort, due à une sténose partielle d'une artère coronaire, limitant l'apport de dioxygène au niveau du myocarde. L'IDM peut être une complication de l'angor. Les symptômes (douleurs précor-

diales) sont alors permanents et non liés à un effort car le territoire myocardique non irrigué se nécrose rapidement si un traitement thrombolytique n'est pas mis en œuvre très rapidement.

• Les signes cliniques d'un IDM dans sa forme classique sont les précordialgies, apparaissant au repos, à caractère constrictif, atroces, pouvant durer plusieurs heures, irradiant aux épaules, aux bras, aux mâchoires et au dos, résistant à tous les antalgiques classiques et à la trinitrine, souvent un état de choc caractérisé par une pâleur, une hypotension artérielle (collapsus cardiovasculaire possible et risque de mort subite) ; parfois d'autres troubles sont présents : troubles digestifs (vomissements) et troubles du rythme cardiaque (risque de mort subite).

Le tableau clinique varie selon l'étendue de la nécrose et sa localisation mais le malade doit toujours être hospitalisé d'urgence. Au cours des 24 heures qui suivent, une fièvre (dite de résorption) apparaît ; des complications peuvent aussi se manifester (insuffisance cardiaque, troubles du rythme...).

• La prévention primaire de l'IDM consiste à agir sur les facteurs favorisants d'où la nécessité d'une alimentation saine, équilibrée, pauvre en lipides saturés, de la lutte contre la sédentarité et le stress, de la suppression du tabagisme, du traitement des facteurs prédisposants (diabète, HTA, hyperlipidémie, obésité surtout si elle est androïde). La prévention secondaire ou dépistage est fondée sur le traitement des états angineux (utilisation de vasodilatateurs coronariens, d'antiagrégants plaquettaires, tels l'aspirine et dérivés, ainsi que sur la suppression des facteurs favorisants. La prévention tertiaire consiste en une réadaptation à l'effort (sous surveillance médicale), avec application des mêmes mesures que précédemment associées à un traitement médicamenteux en fonction des complications qui apparaissent et/ou des séquelles.

4.1. ECG = enregistrement des potentiels électriques émis par le muscle cardiaque.

4.2. Tachy/cardie = accélération du rythme cardiaque, bien évidemment visible à l'ECG : les ondes P et les complexes QRS seront plus rapprochés qu'à l'état normal.

Nécrose du myocarde = mort d'un territoire myocardique responsable d'un trouble dans la conduction de l'influx nerveux d'où des signes à l'ECG dans la zone nécrosée (onde Q de nécrose) ; l'ECG montre le siège et l'étendue de la nécrose.

Hypertrophie de l'oreillette gauche = l'ECG révèle des anomalies de la conduction de l'influx, ici anomalies de l'onde P, dans les dérivations correspondant à la cavité dilatée.

Érythro/pénie = diminution du nombre d'hématies dans le sang révélée par l'hémogramme ou NFS : elle n'a pas d'incidence sur l'ECG.

5. La paroi artérielle est constituée de trois tuniques : l'intima, la média et l'adventice.

L'athérosclérose débute par un dépôt d'athérome (substance complexe riche en cholestérol) au niveau de l'intima des grosses et moyennes artères. La plaque d'athérome se constitue peu à peu, augmente de taille, d'où la diminution de la lumière artérielle.

Ces remaniements de l'intima s'accompagnent de remaniements au niveau de la média, responsables d'une fibrose puis d'une sclérose de l'artère entraînant un durcissement et une perte d'élasticité de la paroi de l'artère d'autant plus que la plaque d'athérome (plaque fibrolipidique) se calcifie.
Le ralentissement de la circulation explique l'**ischémie** transitoire qui peut être observée lors d'un effort ; il favorise aussi la **formation de caillots** (**thrombose**) qui peuvent obstruer la lumière de l'artère sténosée et être responsables d'une ischémie permanente d'un territoire artériel (par exemple myocardique) ; des caillots ou des fragments de dépôts athéromateux peuvent aussi migrer et obstruer une artère plus éloignée : **embolie** (embolie cérébrale). La paroi artérielle fragilisée peut aussi se dilater, faire saillie vers l'extérieur entraînant la formation d'un **anévrisme** avec le risque majeur de rupture.
Le processus d'athérosclérose se développe lentement, longtemps de façon asymptomatique, et n'est souvent révélé que par une complication grave.

6. anti-a/rythmique : substance qui régularise le rythme cardiaque, donc utilisée en pathologie cardiovasculaire ;
anti/diarrhéique : substance ralentissant le transit intestinal ;
anti-agrégant plaquettaire : substance empêchant les plaquettes de s'agglutiner, utilisée dans le traitement de l'athérosclérose pour prévenir les accidents thrombo-emboliques, donc utilisée en pathologie cardiovasculaire ;
neuro/leptique : substance qui diminue l'activité du système nerveux ;
myo/relaxant : substance qui provoque un relâchement musculaire ;
angio/plastie : intervention chirugicale destinée à réparer ou remodeler un vaisseau, donc utilisée en pathologie cardio-vasculaire ;
anti/coagulant : substance empêchant la formation de caillots, utilisée dans de nombreuses pathologies cardiovasculaires (prévention des thromboses) ;
diététique : règles alimentaires préconisées pour prévenir et traiter certaines pathologies, par exemple l'athérosclérose ;
crénothérapie : utilisation thérapeutique des eaux minérales (sources thermales), traitement adjuvant de l'artérite des membres inférieurs (car certaines eaux favorisent la vasodilatation…), donc utilisée en pathologie cardiovasculaire ;
antifongique : substance qui combat les champignons microscopiques, utilisée en pathologie infectieuse.

4 Digestion et absorption - Troubles nutritionnels et alcoolisme

RAPPELS

1. 1 épigastre /2 hypocondre ou hypochondre droit /3 hypocondre gauche /4 région ombilicale /5 flanc droit /6 flanc gauche /7 hypogastre /8 fosse iliaque droite /9 fosse iliaque gauche /10 creux inguinal droit (aine).

2. au-dessus = épi, épigastre/sur, surrénale ; au-dessous = hypo, hypocondre/sous, sous-maxillaire ; à côté = para, parentéral ; au milieu = médio, médiastin, média ; à l'extrémité = acro, acromégalie ; en dehors = ec, ectopie/ex, exérèse, exocrine ; en dedans = endo, endoscopie/in, ingestion, in vitro, injection ; autour = péri, péricarde.

3. micro : très petit/microscopique, microcyte ; normo : normal/normocyte ; macro : grand/macroglossie, macrocytose, macromolécule ; mégalo ou mégalie : très grand/mégalocyte, mégacôlon, hépatomégalie, mégalomanie ; brachy : court/brachy-œsophage, brachymélie, brachycéphale ; dolicho : long/dolichocôlon.

BIOLOGIE

1. • Schéma A : 1 glandes salivaires /2 trachée /3 œsophage /4 diaphragme /5 foie /6 côlon (ascendant) / 7 appendice /8 pharynx /9 estomac /10 pancréas /11 intestin grêle /12 rectum /13 anus. La trachée (2) et le diaphragme (4) n'appartiennent pas à l'appareil digestif mais à l'appareil respiratoire.
• Schéma B : 14 canaux hépatiques /15 canal cystique /16 vésicule biliaire /17 duodénum /18 canal cholédoque /19 canal pancréatique principal (canal de Wirsung).

2.1. 1 muqueuse /2 sous-muqueuse /3 musculeuse /4 adventice ou séreuse /5 villosité. La présence de villosités, ou replis en doigt de gants de la muqueuse, permet de dire que la coupe est effectuée au niveau de l'intestin grêle, d'où les légendes suivantes : 6 entérocyte /7 capillaires sanguins de la villosité /8 orifice d'une glande intestinale /9 chylifère (capillaire lymphatique dans la villosité) /10 glande sécrétrice de suc intestinal /11 vaisseau lymphatique /12 veinule /13 artériole.

2.2. A est la couche interne de muscles lisses circulaires dont la contraction permet de diminuer localement le diamètre de la lumière du tube. B est la couche externe de muscles lisses longitudinaux dont la contraction permet de diminuer localement la longueur du tube.
• La couche musculaire circulaire est responsable des mouvements de **segmentation** qui se produisent, de façon aléatoire, dans l'intestin grêle et le côlon et permettent la fragmentation du contenu du tube digestif et son mélange aux sucs digestifs.
• L'action coordonnée des muscles circulaires et longitudinaux est responsable du **péristaltisme**, ensemble de mouvements se propageant par ondes successives, de la partie proximale vers la partie distale du tube, ce qui permet la progression lente

et orientée du contenu du tube digestif de l'œsophage à l'anus, son mélange aux diverses sécrétions (exemple : malaxage du contenu gastrique) et le franchissement des divers sphincters.

• La couche de muscles circulaires est renforcée à divers niveaux pour former les différents **sphincters** qui séparent un segment du suivant ou de l'extérieur de l'organisme : cardia entre œsophage et estomac, pylore entre estomac et duodénum, valvule iléo-cæcale entre intestin grêle et côlon, sphincter anal ou anus à l'extrémité distale du tube digestif.

3.1.

OBSERVATIONS	DÉDUCTIONS
Dans la bouche et l'estomac, on retrouve les lipides du repas : molécules de triglycérides de grande taille.	Les sécrétions buccales et gastriques sont sans action sur les macromolécules lipidiques du repas.
Dans le jéjunum, les triglycérides sont devenus rares mais on trouve des molécules de petite taille : monoglycérides et acides gras, de la famille chimique des lipides et non présents dans le repas.	Il y a, dans l'intestin grêle, les sécrétions digestives nécessaires à la transformation des lipides de la ration alimentaire : monoglycérides et acides gras sont en effet le résultat de l'hydrolyse des triglycérides.
Ces monoglycérides et acides gras, abondants au milieu du grêle (jéjunum), sont absents à sa sortie (iléon) ; ils ne sont pas non plus remplacés par d'autres molécules lipidiques plus petites.	Monoglycérides et acides gras sont le résultat final de l'hydrolyse digestive des triglycérides. Ils quittent la lumière de l'intestin grêle qui est donc le lieu de leur absorption.
Le sang portal, qui quitte les territoires digestifs vers le foie, garde un aspect inchangé.	Les produits lipidiques absorbés ne quittent pas les territoires digestifs par la circulation sanguine.
La lymphe prend peu à peu un aspect trouble ou lactescent.	C'est par la voie lymphatique que les lipides absorbés quittent les territoires digestifs.
Le sang de la circulation générale se trouble plus tardivement que la lymphe.	La lymphe, apportant les lipides absorbés, rejoint la circulation générale.

3.2. Les résultats des analyses montrent que la cellulose n'est pas modifiée lors de son transit dans le tube digestif. Dans la ration alimentaire journalière, sa présence permet au contenu digestif, dont le volume diminue au fur et à mesure de l'absorption, de garder un volume suffisant pour entretenir le péristaltisme : c'est une substance dite de lest.

3.3. • **Analyse** des expériences et de leurs résultats. Chez le chien Y, dont le canal pancréatique est ligaturé, de même que chez le chien Z, dont on a ligaturé le canal cholédoque qui conduit la bile, des triglycérides sont présents dans le grêle et même dans le côlon ; donc, la digestion des triglycérides du repas est limitée. Le faible trouble de la lymphe issue des territoires du grêle et la stéatorrhée montrent qu'ils ne sont pas absorbés tels quels.

• **Explications.** Chez le chien Y, en bloquant l'entrée du suc pancréatique dans le duodénum, on supprime la présence de la lipase pancréatique, enzyme catalysant l'hydrolyse des triglycérides. Ces macromolécules, ne pouvant être absorbées, sont éliminées dans les selles. Chez le chien Z, en bloquant l'entrée de la bile dans le duodénum, on supprime l'action sur le contenu intestinal des sels biliaires qui normalement stabilisent l'émulsion des lipides dans la phase aqueuse (formation de micelles), ce qui facilite l'action de la lipase hydrosoluble ; en l'absence de bile, les triglycérides mal mélangés aux sucs digestifs sont donc peu hydrolysés par la lipase et, ne pouvant être absorbés, sont éliminés dans les selles.

Conclusion. Le suc pancréatique, par l'enzyme lipase qu'il contient, a une action chimique sur l'hydrolyse des triglycérides. **La bile ne contient pas d'enzyme** mais a une action physicochimique qui prépare l'hydrolyse des triglycérides. Ces deux sécrétions, dont les actions sont complémentaires, sont nécessaires pour une digestion et une absorption convenables des lipides de la ration alimentaire.

3.4. Les aliments contiennent des macromolécules (glucides, lipides, protides et acides nucléiques) inutilisables sous cette forme par l'organisme. La digestion est l'ensemble des réactions chimiques d'hydrolyse qui les transforment en nutriments (oses, monoglycérides, acides gras, acides aminés, bases azotées) molécules simples qui peuvent être absorbées puis utilisées par les cellules.

4. 1. **Faux** : l'amidon est la forme de réserve du glucose des organismes végétaux.
2. **Faux** : le glycogène est bien la forme de mise en réserve du glucose dans l'organisme humain mais on ne trouve pas d'amidon dans les organismes animaux.
3. **Exact** : le foie et les muscles sont les organes dans lesquels le glycogène est le plus abondant. On en trouve également dans la plupart des tissus (mais le cerveau en contient peu).
4. **Exact** : l'organisme fabrique du glucose à partir de certains acides aminés, (famille des protides). Les réactions chimiques de cette conversion constituent la néoglucogenèse.
5. **Faux** : la néoglucogenèse à partir de lipides n'est pas possible chez l'homme.
6. **Exact** : le glucose excédentaire de la ration est stocké sous forme de glycogène par glycogénogenèse et sous forme de triglycérides dans le tissu adipeux après conversion par lipogenèse ; ainsi une alimentation riche en glucides peut être cause d'obésité.
7. **Faux** : le foie, à partir de ses réserves de glycogène, par glycogénolyse, libère du glucose dans la circulation afin de corriger une hypoglycémie. C'est une fonction vitale, soumise à un contrôle hormonal complexe. Par contre, le glucose libéré par glycogénolyse à partir du glycogène présent dans les cellules musculaires ne sort pas de ces cellules et n'est utilisable que par elles. Il ne participe donc que de façon indirecte à la lutte contre l'hypoglycémie en « économisant » le glucose sanguin.
Les réserves hépatiques de glycogène sont faibles par rapport aux importants besoins cellulaires en glucose. La suppression totale des glucides, théoriquement possible en tenant compte de la néoglucogenèse, est donc aberrante. De plus, on doit privilégier dans la ration alimentaire les glucides à index glycémique bas (à assimilation lente type amidon) par rapport aux glucides à index glycémique élevé (à assimila-

tion rapide type saccharose).
8. **Faux** : d'une part les peptides sont le résultat d'une hydrolyse partielle (et non totale) des protéines, d'autre part, les peptidases catalysent l'hydrolyse des peptides (et non celle des protéines) et libèrent des acides aminés. Les enzymes digestives hydrolysant partiellement les protéines alimentaires en peptides sont la pepsine issue du suc gastrique, et surtout la trypsine et la chymotrypsine issues du suc pancréatique.
9. **Exact** : petites molécules résultant de la digestion des protéines alimentaires, les acides aminés sont appelés « nutriments » car ils peuvent être absorbés par les entérocytes de la muqueuse intestinale puis distribués par la circulation sanguine aux cellules qui les utilisent pour leur métabolisme.
10. **Exact** : cependant l'absorption des nutriments a lieu essentiellement dans l'intestin grêle. En effet, pour qu'elle soit possible, les molécules doivent pouvoir traverser les cellules épithéliales de la muqueuse digestive ce qui nécessite une digestion préalable pour la majorité des molécules alimentaires ; toutefois, pour quelques molécules, l'absorption peut se faire dès les muqueuses buccale ou gastrique (exemples : médicaments absorbés par voie sublinguale, produits de l'hydrolyse acide gastrique du saccharose).
11. **Exact** : les vitamines sont des molécules que l'organisme ne peut pas fabriquer et qui sont indispensables au métabolisme des cellules. La ration alimentaire doit donc les apporter et elles sont absorbées sans digestion.
12. **Faux** : certains nutriments se retrouvent dans la circulation porte hépatique après absorption : c'est le cas du glucose et des autres oses issus de la digestion des glucides, des pentoses et des bases azotées issus de la digestion des acides nucléiques, des acides aminés issus de la digestion des protéines, des sels minéraux et des vitamines hydrosolubles ; tous ces nutriments sont alors dirigés vers le foie avant d'être distribués aux autres cellules.
Par contre, les nutriments issus de la digestion des lipides et les vitamines liposolubles se retrouvent dans la circulation lymphatique qui rejoint la circulation générale (au niveau de la veine sous-clavière gauche laquelle se jette dans la veine cave supérieure) ; ces nutriments sont donc distribués aux cellules sans passer préalablement par le foie.

TERMINOLOGIE

1. bouche = stom(o), stomat(o) /dents = odont(o) /gencive = gingiv(o) /langue = gloss(o) /salive = sial(o), ptyal(o) ;
stomat/ite = inflammation de la muqueuse buccale ;
gingivo/rragie = hémorragie au niveau des gencives, saignement des gencives ;
sialo/rrhée = sécrétion salivaire trop importante ; synonyme : ptyalisme ;
odont/algie = sensation douloureuse au niveau d'une dent ;
macro/glossie = augmentation du volume de la langue.

2. 1. An/orexie = perte de l'appétit.
2. Gastro/rragie = hémorragie au niveau de l'estomac.
3. Pyro/sis = sensation de brûlure partant de l'estomac, remontant le long de l'œ-

sophage avec arrivée dans la bouche d'un liquide acide.
4. Hémat/émèse = rejet par la bouche de sang provenant des voies digestives = vomissement de sang.
5. Fibro/œso/gastro/scopie = examen paraclinique nécessitant l'introduction d'un endoscope souple (fibroscope) dans l'œsophage puis l'estomac pour observer directement l'intérieur de ces organes.
6. Dys/phagie = difficulté à avaler, à déglutir.
7. Transit œso/gastro/duodénal = TOGD = examen radiographique de l'œsophage, de l'estomac puis du duodénum après ingestion d'un produit opaque aux rayons X.
8. Lavement baryté = radiographie du côlon après introduction par voie rectale d'un produit de contraste baryté.
9. Étude copro/logique = examen des matières fécales. Il s'agit d'un examen paraclinique biologique permettant la détermination de la composition des selles.
10. Dys/pepsie = difficulté à digérer.

3. 1. stéato/rrhée, 2. thermo/graphie, 3. poly/dipsie, 4. gastr/algie, 5. copro/culture, 6. chol/angio/graphie, 7. hyper/sialo/rrhée (ou sialorrhée ou ptyalisme), 8. anti/émétique, 9. cholé/cyst/ectomie, 10. brachy/œsophage.

4. 1. Dépenses basales = dépenses indispensables pour assurer les fonctions vitales ; dépenses extra-basales = dépenses liées à l'activité physique, à la thermorégulation, à l'âge, à des circonstances particulières comme la grossesse, l'allaitement, une maladie.
Les premières sont incontournables puisqu'indispensables à la vie et constantes à un âge donné ; les autres varient en fonction du mode de vie et/ou de l'état de santé.

2. Dénutrition = déficit énergétique entraînant un déficit pondéral important dû à la disparition des réserves graisseuses et d'une partie plus ou moins importante de la masse maigre (protéines) ;
malnutrition = déséquilibre alimentaire correspondant le plus souvent à une carence nutritionnelle due à un déficit d'apport.
Il s'agit de deux anomalies en relation avec la nutrition ; la malnutrition peut être responsable d'une dénutrition si le déficit d'apport est important.

3. Alimentation par voie entérale = apport énergétique par une sonde nasogastrique ou par gastrostomie ou par entérostomie donc évitant la déglutition ;
alimentation par voie parentérale = apport énergétique par voie veineuse sous forme de nutriments (acides aminés, oses…).
Ces deux modes de nutrition artificielle court-circuitent la voie orale ; l'alimentation parentérale évite même l'absorption intestinale.

4. Épigastre = région abdominale médiane et supérieure ;
hypochondre ou hypocondre = région abdominale latérale supérieure (droite ou gauche).
Il s'agit de régions de l'abdomen : l'épigastre est situé entre les deux hypochondres.

1. • Les deux exérèses couramment pratiquées, souvent par cœliochirurgie, sont l'appendicectomie (ablation de l'appendice) et la cholécystectomie (ablation de la vésicule biliaire).
• Les trois interventions dites lourdes sont l'œsophagectomie (ablation de l'œsophage), nécessitant une œsophagoplastie pour conserver l'alimentation par voie orale, l'hépatectomie (ablation du foie), souvent partielle mais nécessitant une greffe s'il s'agit d'une hépatectomie totale, et la pancréatectomie, nécessitant un traitement substitutif par des enzymes pancréatiques administrées par voie orale (fonction exocrine du pancréas) et par de l'insuline administrée par voie parentérale (fonction endocrine du pancréas).

2.

Signes cliniques subjectifs	Signes cliniques objectifs	Examens paracliniques
anorexie dysphagie dyspepsie pyrosis	gastrorragie hématémèse	fibro-œsogastroscopie lavement baryté transit œsogastroduodénal étude coprologique

3.1. Endoscopie = examen paraclinique qui consiste à introduire un fibroscope, appareil en fibres souples muni d'un système optique et d'un système d'éclairage à lumière froide, le plus souvent dans un organe creux facilement accessible par un orifice naturel (œsophage, bronches, côlon...), pour visualiser directement l'intérieur de cet organe : il peut être effectué sans ou avec anesthésie. Il est également possible de réaliser des endoscopies des cavités closes (ex. : abdomen, articulation) après une petite incision de la paroi permettant l'introduction du fibroscope ; une anesthésie légère est alors nécessaire.

3.2. • 1er cas : dysphagie avec odynophagie = déglutition difficile et douloureuse due à une atteinte de l'œsophage : réalisation d'une fibro-œsophagoscopie.
• 2e cas : méléna = selles noires (présence de sang digéré), constipation = retard à l'évacuation des selles et syndrome subocclusif = ensemble de signes dus à un arrêt partiel et momentané des matières fécales dans l'intestin, évoquent une atteinte du côlon : réalisation d'une fibrocoloscopie.
• 3e cas : hématémèse = vomissement de sang, due à une atteinte de l'œsophage ou de l'estomac : réalisation d'une fibro-œsogastroscopie ou même d'une fibro-œsogastroduodénoscopie.

3.3. **a.** Pour l'appareil digestif, facilement accessible, les examens endoscopiques sont préférés aux examens radiographiques car ils ne nécessitent pas l'utilisation de rayons X, mais en contrepartie une anesthésie légère est parfois nécessaire. L'endoscopie présente de nombreux avantages sur la radiologie : possibilité de voir la lésion, de faire des prélèvements biopsiques sous contrôle de la vue, d'effectuer un traitement (exérèse de lésions de petite taille) ; elle permet aussi d'améliorer les performances d'autres examens paracliniques (ex. : échographies endocavitaires).
b. Les examens radiologiques permettant l'exploration des organes étudiés sont,

dans le 1er et le 3e cas, le transit œso/gastro/duodénal = TOGD = examen radiographique de l'œsophage, de l'estomac puis du duodénum après ingestion d'un produit opaque aux rayons X (produit baryté) et, dans le 2e cas, le lavement baryté = radiographie du côlon après introduction par voie rectale d'un produit de contraste baryté.

4.

APPORT	PROTÉINES	GLUCIDES	LIPIDES	CALCIUM	VITAMINE C	FIBRES
Aliments	Viandes, poissons, œufs, lait, fromage.	Pain, pâtes, riz, confiture, lait, bananes, dattes, (oranges).	Beurre, crème, huiles, lait, fromage, œufs, viandes, poissons.	Lait, fromage.	Orange, kiwi, légumes verts.	Tous les fruits et tous les légumes verts.
Rôle essentiel	Aliments plastiques surtout et énergétiques.	Aliments énergétiques surtout.	Aliments énergétiques et rôle plastique des acides gras essentiels.	Rôle plastique activation de certaines réactions biochimiques.	Protection et éléments cocatalytiques.	Régulation du transit intestinal (lest).

5. Analyse des repas (petit déjeuner et déjeuner) et proposition de menu pour le dîner.

• Le petit déjeuner n'apporte que de l'eau (café noir non sucré) et un peu de glucides, il est donc insuffisant car il n'apporte ni protéines, ni lipides, ni vitamines, ni calcium et, de plus, l'apport glucidique à index glycémique bas est faible.

• Le déjeuner apporte surtout des glucides, des protéines et des lipides ; il manque des vitamines (ni fruits, ni légumes verts) ; l'apport en calcium est insuffisant (fromage seulement dans la quiche), l'apport glucidique est trop important (quiche + pommes de terre) de même que l'apport lipidique (saucisses, pommes de terre sautées).

• Le dîner doit apporter des protéines, des vitamines et des oligo-éléments, grâce à des légumes verts crus (ex. : salade) et cuits (selon la saison : gratin de courgettes, endives, choux…) = apport en vitamines, fibres, sels minéraux et lipides d'origine végétale (assaisonnement), à du poisson = apport de protéines, de lipides à acides gras indispensables, à du fromage ou à des produits laitiers = apport de protéines, de lipides et de calcium, à des fruits frais = apport en vitamine C et en fibres.
Une telle alimentation finalement équilibrée apporte, outre des protides, des lipides et des glucides, toutes les vitamines et tous les oligo-éléments nécessaires.

6. • Spécialité laitière à teneur en lipides réduite : diminution de l'apport en lipides et en particulier réduction de l'apport en acides gras saturés qui sont athérogènes ;
• édulcorée à l'aspartame : l'aspartame remplace le saccharose ce qui diminue l'apport énergétique et donc évite la prise de poids tout en conservant le goût sucré, mais pose le problème de la dépendance au goût sucré ;
• teneur en vitamines A et D garantie : apports vitaminiques (A et D) constants ;
• à consommer de préférence avant le JJ/MM/AA : date limite d'utilisation (jour,

mois, année), indication importante qui garantit la qualité du produit en cas de conservation.

7.1. Les protéines fournissent 13 % de l'énergie totale soit : 9 000 × 0,13 = 1 170 kJ ; sachant que 1 g de protéines fournit 17 kJ, la quantité de protéines nécessaires est de : 1 170/17 = 69 g de protéines.
Même raisonnement pour les glucides : 9 000 × 0,53 = 4 770 kJ, 4 770/17 = 280 g de glucides.
Même raisonnement pour les lipides : 9 000 × 0,34 = 3 060 kJ, 3 060/38 = 80 à 81 g de lipides.

7.2. La variation portera sur les dépenses extra-basales telles :
• une modification de l'activité physique : augmentation de l'activité sportive ou au contraire diminution de l'activité habituelle ;
• puisqu'il s'agit d'une femme encore jeune (32 ans), les dépenses seront un peu augmentées si elle est enceinte (à la fin du deuxième trimestre de la grossesse) puis en cas d'allaitement maternel ;
• en cas de pathologie (ex. : fièvre, fracture…) les dépenses énergétiques augmentent (hypercatabolisme si fièvre, augmentation des besoins en calcium si fracture).

8. Conseils à donner à la femme enceinte.
Un apport supplémentaire en protéines, en calcium, en fer, en vitamines est nécessaire pour permettre l'édification du placenta et le développement du fœtus ; il est donc important de consommer des produits laitiers (apports de protéines et de calcium), des légumes verts et des fruits (apports en vitamines), des légumes secs, de la viande (apports en protéines et en fer) ainsi que du poisson (apports en protéines et en acides gras essentiels).
Un apport suffisant en eau et en fibres permet de lutter contre la constipation fréquente au cours de la grossesse (apports d'eau, de lait écrémé, de légumes verts, de fruits).
Le mode de préparation des aliments doit être simple (ex. : cuisiner sans graisses, éviter les plats en sauce).
À la fin de la grossesse, le poids de la femme a augmenté d'environ 8 à 12 kg ; le fœtus pèse à terme entre 3 et 4 kg (son poids augmente de 800 à 1 000 g par mois du 7e au 9e mois).
Les besoins énergétiques totaux s'élèvent modérément et surtout durant le troisième trimestre (9 800 à 10 800 $kJ.j^{-1}$) donc il faut éviter la suralimentation, source de calories ou kJoules inutiles (suppression des boissons sucrées), pour prévenir une prise de poids excessive.

9.1. Les maladies nutritionnelles peuvent être dues soit à des problèmes d'apports (excès ou déficits), soit à des problèmes d'absorption (maldigestion, malabsorption), soit à des problèmes d'utilisation (troubles du métabolisme cellulaire).

9.2.

Apports anormaux		Malabsorption Maldigestion	Défauts d'utilisation par les cellules
Excès	**Déficit**		
niveau de vie élevé	famine, pauvreté anorexie mentale syndrome de glissement, sida	parasitoses intestinales atteintes de l'intestin grêle sida (car diarrhées)	phénylcétonurie

9.3. Il s'agit d'enfants très jeunes (juste après le sevrage) à la période de la vie correspondant à une croissance staturopondérale rapide ; les besoins en aliments plastiques, sels minéraux et oligo-éléments (catalytiques) sont alors essentiels.
L'alimentation donnée (bouillie de maïs), bien que fournissant un apport énergétique total à peu près suffisant (grande richesse en glucides), est responsable d'un déficit d'apport protéique et donc d'une carence en certains acides aminés essentiels apportés surtout par les protéines d'origine animale, ici absentes.
En effet, les protéines d'origine végétale, pauvres en un ou plusieurs acides aminés indispensables, doivent être associées entre elles ou associées à des produits d'origine animale (ex. : fromage, viande…), ce qui n'est pas le cas ici.
Il s'agit donc d'une malnutrition par déficit sélectif en protéines animales responsable d'un manque de certains acides aminés indispensables, expliquant les troubles observés (amyotrophie et œdèmes) qui sont aggravés par la diarrhée de malabsorption et par le déficit en vitamines et en sels minéraux.

10.1. • Excès d'apport global = apport énergétique total, fourni par l'alimentation, supérieur aux besoins globaux de l'individu, cause d'une obésité et de troubles métaboliques (dyslipoprotéinémie, troubles de la glycorégulation) d'où dyspnée à l'effort, troubles circulatoires (varices, œdèmes), troubles cutanés (dermites, vergetures), arthrose (ex. : coxarthrose, gonarthrose, dorsarthrose) et, à long terme, apparition d'athérosclérose et de ses complications (coronaropathies, hypertension artérielle, accidents vasculaires cérébraux, artérite des membres inférieurs…).
• Excès d'apport sélectif = apport excessif surtout de lipides et de glucides mais aussi souvent d'alcool ayant pour conséquences l'obésité, l'athérosclérose et l'alcoolisme.
• Déficit d'apport global = apports énergétiques insuffisants par rapport aux besoins pouvant entraîner un amaigrissement, une amyotrophie, une asthénie, des œdèmes de carence, des troubles cutanés et muqueux. L'évolution se fait vers la dénutrition et même la cachexie (adulte) et l'athrepsie (nourrisson) avec amyotrophie, ostéomalacie (rachitisme chez le nourrisson), marasme (chez l'enfant dans certains pays).
• Déficit d'apport sélectif = manque dans l'alimentation d'un nutriment ou d'un micronutriment responsable de troubles variés en fonction de la substance déficitaire ; par exemple, hypovitaminose D responsable du rachitisme chez l'enfant entre 6 mois et 2 ans ; déficit en vitamine B12 entraînant une anémie mégalocytaire ; déficit en acides aminés essentiels par manque d'apport de protéines d'origine animale

entraînant des troubles de la croissance et, dans certains pays, le Kwashiorkor ; déficit en fer entraînant une anémie sidéropénique dite ferriprive.

10.2. Les principaux examens paracliniques utilisés pour apprécier les conséquences des excès d'apport alimentaire global sont, pour les conséquences métaboliques, les examens biochimiques tels protidémie, bilan lipidique, glycémie, parfois ionogrammes sanguin et urinaire, pour les conséquences articulaires, des examens d'imagerie diagnostique tels des radiographies et/ou des scanographies de la hanche, du genou, du rachis, pour les conséquences sur l'appareil cardiovasculaire, le Doppler, l'ECG, l'échotomographie cardiaque, l'écho-Doppler cardiaque.

11.1. • **Objectifs** : éviter le surpoids et éviter les complications métaboliques, en particulier l'athérosclérose et ses complications, **d'où les conseils suivants**.
• Diminuer la consommation de tout ce qui favorise l'athérosclérose : viande trop riche en acides gras saturés telle la viande de bœuf, œufs car riches en lipides et cholestérol, beurre, laitages non écrémés, fritures, charcuteries, sauces grasses.
• Préférer la consommation de volailles et poissons car pauvres en lipides ; de plus, les poissons sont riches en acides gras indispensables.
• Consommer tous les jours :
– des céréales, riches en glucides à absorption lente, à index glycémique peu élevé qui fournissent quelques protéines et surtout un apport énergétique régulier ;
– des légumes verts et des fruits car ils apportent des vitamines et des éléments minéraux (éléments catalytiques) ainsi que des fibres qui régularisent le transit intestinal ;
– des huiles riches en acides gras insaturés indispensables, non athérogènes, ou de la margarine qui contient moins d'acides gras saturés que le beurre.
• Tolérer une petite quantité de vin qui peut être remplacé par du jus de raisin.
• Boire de l'eau à volonté car elle est indispensable à la fonction rénale et au transit intestinal.

11.2. Le traitement diététique est à appliquer dès les premières semaines de la vie, c'est pourquoi le dépistage est obligatoire en France entre le cinquième et le dixième jour par le test de Guthrie et, en cas de résultat positif, par la détermination de la phénylalaninémie.
Il faut fournir au nouveau-né atteint de PCU les apports protéiques indispensables à sa croissance tout en maintenant la phénylalaninémie à un taux non toxique pour le système nerveux, d'où l'utilisation de produits industriels spéciaux à faible teneur en phénylalanine assurant l'apport protidique indispensable. Les mesures diététiques, maintenues pendant 6 ans au moins, permettent la croissance normale et le développement intellectuel satisfaisant de l'enfant.

12. Conséquences de l'alcoolisme sur l'appareil digestif.

12.1. Lésions et signes cliniques.

ORGANE	CONSÉQUENCES À COURT TERME (5 À 10 ANS)		CONSÉQUENCES À MOYEN ET À LONG TERMES	
	Lésion	**Signes cliniques**	**Lésion**	**Signes cliniques**
Bouche	stomatite	douleurs	cancer des VADS	douleurs, saignements
Œsophage	œsophagite	pyrosis, odynophagie	cancer des VADS	dysphagie
Estomac	gastrite aiguë	gastralgies, dyspepsie	gastrite chronique	pituite, dyspepsie
Foie	stéatose	hépatalgie, hépatomégalie	cirrhose donc : - insuffisance hépatique et - hypertension portale	 - nausées, dyspepsie, anorexie, asthénie, amyotrophie, dénutrition, - circulation collatérale, varices œsophagiennes, ascite, œdèmes, hémorragies par rupture des varices œsophagiennes et gastrorragies - coma dû à l'encéphalopathie
Pancréas	pancréatite (pancréas exocrine)	douleurs épigastriques, diarrhées	- pancréatite chronique - atteinte exocrine puis endocrine ⇒ très tardivement diabète	douleurs épigastriques, diarrhées, amaigrissement, polyurie, polyphagie, polydipsie

12.2. Examens paracliniques permettant le dépistage des lésions.

Organe	Examen paraclinique	Principe	Intérêt
Œsophage	Œsophagoscopie.	Fibroscopie par voie naturelle.	Visualisation des lésions (œsophagite...), prélèvements biopsiques pour étude anatomopathologique (recherche d'un cancer).
Estomac	Gastroscopie.	Fibroscopie par voie naturelle.	Visualisation des lésions (gastrite...), prélèvements biopsiques (recherche d'un cancer).
Foie	Échotomographie. Examens de laboratoire (cholestérolémie, protidémie...). Laparoscopie.	Examens au moyen d'ultrasons. Examens biochimiques (dosages). Endoscopie après laparotomie.	Recherche de la cirrhose (nodules de régénération). Recherche des anomalies du métabolisme des lipides, protéines, glucides... Visualisation de l'aspect extérieur du foie (cirrhose).

...

Organe	Examen paraclinique	Principe	Intérêt
Pancréas	Échographie. Scanographie. Examens de laboratoire.	Examens au moyen d'ultrasons Rayons X + amplificateur + ordinateur. Exploration du pancréas exocrine, étude de la glycorégulation.	Visualisation des lésions des canaux pancréatiques. Appréciation de l'insuffisance pancréatique exocrine et endocrine.

12.3. Alcoolémie = quantité d'alcool absolu dans un litre de sang (en $g.L^{-1}$).
Dosage : • soit direct = dosage dans le sang, nécessitant un prélèvement sanguin (donc obligation de faire appel à un personnel spécialisé) et un dosage chimique ;
• soit indirect, par mesure de la quantité d'alcool contenue dans l'air expiré ; du résultat obtenu on déduit la quantité approximative d'alcool présente dans le sang ; dans ce cas, deux procédés sont utilisables : l'alcootest (ballon dans lequel le sujet souffle, une coloration due à l'alcool apparaissant et un repère indiquant la quantité maximale tolérée), ou l'éthylomètre, appareil plus volumineux mais plus précis.
Les détections indirectes, rapides et non invasives, permettent un dépistage de masse ; cependant, les résultats sont approximatifs, d'où le recours au dosage dans le sang (examen invasif et long) si le résultat est positif et s'il s'agit d'un examen pratiqué suite à un accident ou à un délit (procédure pénale).

13.1. L'état d'ébriété, première étape de l'intoxication éthylique aiguë, correspond à la phase d'excitation psychomotrice avec désinhibition, euphorie, logorrhée, accompagnées parfois de troubles moteurs (dysarthrie, troubles de la marche et chutes possibles).
Le délirium tremens est un accident dû à un sevrage accidentel ; le malade a des hallucinations visuelles effrayantes (zoopsies), une fièvre très élevée avec sudation intense, une agitation extrême, une tachycardie ; un traitement d'urgence en milieu hospitalier est nécessaire pour éviter une déshydratation aiguë pouvant tuer le sujet.

13.2. **Au niveau du système nerveux central**, l'atteinte se manifeste d'abord par des troubles du sommeil, de la mémoire, un ralentissement de l'activité intellectuelle, des troubles du comportement (disparition de la conscience professionnelle, de la notion de responsabilité, irritabilité). Plus tard apparaissent une agressivité et souvent un état psychotique ou dépressif.
L'encéphalopathie alcoolique est caractérisée par des délires chroniques avec thème de jalousie, des périodes d'états confusionnels (désorientation temporo-spatiale). L'évolution peut se faire vers la démence ; le suicide est fréquent.
Au niveau du système nerveux périphérique, on peut constater :
• une polynévrite des membres inférieurs qui provoque une fatigabilité à la marche, des crampes, des paresthésies, des parésies et une amyotrophie ;
• une névrite optique qui peut conduire à la cécité.

5 Fonctions rénales néphro-urologie

RAPPELS

1 rein : néphr(o) /2 uretère : urétér(o) /3 vessie : cyst(o) /4 urètre : urétr(o) /5 bassinet : pyél(o).

BIOLOGIE

1.1. 1 artériole afférente /2 glomérule ou capillaires glomérulaires /3 corpuscule de Malpighi /4 tubule contourné proximal /5 veinule /6 anse de Henlé /7 artériole /8 artériole efférente /9 tubule contourné distal /10 capillaires péritubulaires.
A = capsule de Bowman /B = canal collecteur de Bellini.
L'unité fonctionnelle du rein est le néphron.

1.2. Le sang arrive par l'artériole afférente, circule dans le bouquet de capillaires glomérulaires où il est filtré. Il en sort par l'artériole efférente, puis circule dans les capillaires péritubulaires où se font les échanges. Enfin, il rejoint les capillaires veineux et la veinule rénale.
Remarque : cette circulation met en évidence un système porte artériel entre capillaires glomérulaires et capillaires péritubulaires.

2.1. Le liquide A prélevé dans la capsule de Bowman est l'urine primitive, le liquide B prélevé dans le canal collecteur est l'urine définitive.

OBSERVATIONS	DÉDUCTIONS
Glucose : présence dans le plasma et absence dans l'urine définitive. **Ions ammonium** : absence dans le plasma et présence dans l'urine définitive.	Le néphron se comporte différemment vis-à-vis du glucose et des ions ammonium, donc exerce des fonctions différentes.
Glucose : - la concentration molaire est la même dans le plasma et dans l'urine primitive ; - présence dans l'urine primitive et absence dans l'urine définitive : entre A et B, le glucose est enlevé de l'urine en formation.	- Le glucose traverse librement l'endothélium des capillaires glomérulaires et l'épithélium de la capsule de Bowman jusqu'à équilibre des concentrations entre le plasma et l'urine primitive : c'est le phénomène passif de la **filtration glomérulaire.** - Il y a **réabsorption** totale du glucose au niveau des tubules.
Ions ammonium : absence dans le plasma et l'urine primitive, présence dans l'urine définitive : entre A et B, des ions ammonium sont ajoutés dans l'urine en formation.	Les ions ammonium ne sont pas un constituant normal du sang, ils sont fabriqués au niveau des tubules et déversés dans la lumière : c'est la **sécrétion tubulaire** d'ions ammonium.

2.2. **a.** Au niveau de l'ensemble des structures rénales A, en 24 heures, la quantité d'urée est de 1 044 mmol pour un volume d'urine primitive de 180 dm^3 (180 L). La concentration molaire de l'urée dans l'urine primitive est de 1 044 : 180 = 5,8 $mmol.L^{-1}$.

b. Au niveau de l'ensemble des structures rénales B, en 24 heures, la quantité d'urée est de 549 mmol pour un volume d'urine primitive de 1,5 dm^3. La concentration molaire de l'urée dans l'urine primitive est de 549 : 1,5 = 366 $mmol.L^{-1}$.

c. • Comparaison des quantités d'urée dans le liquide A (1 044 mmol en 24 heures) et dans le liquide B (549 mmol en 24 heures) des deux reins :
observation : il y a davantage d'urée dans le volume total de l'urine primitive que dans le volume total de l'urine définitive formée en 24 heures ;
déduction : il y a réabsorption d'urée au niveau des tubules, entre A et B. Contrairement au cas du glucose, cette réabsorption n'est que partielle (47 %).
• Comparaison des concentrations d'urée :
– entre le plasma (azotémie) et l'urine primitive (5,8 $mmol.L^{-1}$) :
observation : la concentration est la même ;
déduction : l'urée, comme le glucose, est filtrée au niveau des glomérules.
– entre le liquide A et le liquide B :
observation : la concentration est beaucoup plus élevée dans l'urine définitive (366 $mmol.L^{-1}$) que dans l'urine primitive (5,8 $mmol.L^{-1}$) (calcul a et b) ;
déduction : tubules et canal collecteur concentrent l'urée dans l'urine, permettant ainsi son maintien à une valeur plasmatique normale par élimination urinaire sans perte excessive d'eau par l'organisme.
Les reins, grâce aux néphrons, débarrassent donc le sang de l'excès des produits du catabolisme des protéines.

3.1. La coupe concerne des cellules du tube contourné proximal : 1 noyau, 2 mitochondrie, 3 microvillosités de la membrane cytoplasmique, 4 hyaloplasme (ou cytosol), 5 dictyosome de l'appareil de Golgi.

3.2. Les microvillosités de la membrane cytoplasmique, en contact avec le liquide tubulaire, augmentent considérablement la surface d'échange entre la cellule et l'urine en formation. Au niveau du tubule contourné proximal, cela permet une réabsorption efficace des molécules filtrées, totale (glucose, acides aminés…) ou partielle (urée, ions sodium, autres ions ou molécules plasmatiques normalement présents dans l'urine).

3.3. **a.** En bloquant l'utilisation du dioxygène par les cellules, on empêche l'oxydation des nutriments, productrice d'énergie disponible sous forme d'ATP (adénosine triphosphate). La présence de glucose dans l'urine définitive, alors que la concentration molaire de cette substance est normale dans le plasma et dans l'urine primitive, prouve que le glucose n'est plus réabsorbé normalement par les cellules des tubules privées d'énergie.
La réabsorption du glucose, qui s'oppose aux lois de la diffusion, est un phénomène de transport actif, c'est-à-dire qui nécessite de l'énergie. Dans le cas de l'expérience proposée, l'absence de fourniture d'ATP ne permet pas ce transport actif. Le glu-

cose filtré, présent dans l'urine primitive, reste dans la lumière tubulaire et est éliminé dans l'urine définitive : c'est pourquoi une glycosurie est observée sans qu'il y ait d'hyperglycémie.

b. Les structures cellulaires productrices d'énergie sous forme d'ATP sont les mitochondries : légende 2 de l'électronographie.

Cette expérience met en évidence le rôle des mitochondries dans les mécanismes de formation de l'urine par les cellules tubulaires rénales : elles fournissent l'ATP indispensable aux cellules pour tous les phénomènes de transport actif comme celui du glucose observé ici.

4.1. • Détermination graphique de la capacité maximale de réabsorption des ions hydrogénocarbonates par les reins. Prolonger, parallèlement à l'axe des abscisses, jusqu'à l'axe des ordonnées, le plateau de la courbe 2 correspondant au débit de réabsorption lorsqu'il n'augmente plus ; lire la valeur 2,9 $mmol.min^{-1}$ sur l'axe des ordonnées.

• Justification.

Pour un débit de filtration des ions hydrogénocarbonates inférieur à 2,9 $mmol.min^{-1}$, correspondant à une concentration plasmatique de ces ions inférieure à 27 $mmol.L^{-1}$, l'excrétion des ions hydrogénocarbonates est nulle. Le débit de réabsorption est égal au débit de filtration (courbes 1 et 2 confondues) et augmente comme lui.

Pour un débit de filtration des ions hydrogénocarbonates supérieur à 2,9 $mmol.min^{-1}$, correspondant à une concentration plasmatique pour ces ions supérieure à 27 $mmol. L^{-1}$, des ions hydrogénocarbonates apparaissent dans l'urine et leur débit d'excrétion (courbe 3) augmente parallèlement à l'augmentation du débit de filtration (courbe 1). Le débit de réabsorption n'augmente plus (plateau de la courbe 2) ; les mécanismes de réabsorption ont atteint leur capacité maximale : 2,9 $mmol.min^{-1}$, l'excès des ions filtrés est donc excrété.

4.2. La capacité maximale de réabsorption des ions hydrogénocarbonates est atteinte pour une concentration plasmatique en ces ions d'environ 27 $mmol. L^{-1}$: c'est la valeur seuil d'apparition de ces ions dans l'urine. La concentration plasmatique du sujet (21 $mmol. L^{-1}$) étant inférieure à cette valeur seuil, il n'y a pas d'ions hydrogénocarbonates détectables dans ses urines de 24 heures.

5.1. On distingue quatre phases sur chaque courbe entre le moment de l'ingestion d'eau et celui où l'on retrouve l'état initial.

PHASE	OBSERVATION	INTERPRÉTATION
1re phase	Pendant les 15 premières minutes pour les courbes 1 et 2, et pendant les 25 premières minutes pour la courbe 3, l'état reste stationnaire.	Un laps de temps est nécessaire pour que les réactions de l'organisme à l'ingestion d'eau soient mesurables. C'est la phase de **latence.**
2e phase	• Entre 15 et 60 minutes après l'ingestion d'eau, la volémie augmente (courbe 1) et la pression osmotique plasmatique baisse (courbe 2). • Entre 25 et 60 minutes, soit après un délai de 10 minutes après le début des variations des facteurs sanguins précédents, la diurèse augmente (courbe 3).	L'eau ingérée est peu à peu absorbée et passe dans le sang, d'où l'hypervolémie. Cette arrivée d'eau fait baisser la concentration plasmatique en solutés, d'où la baisse de la pression osmotique plasmatique. Ces deux variations (entre 15 et 60 minutes) sont responsables de la mise en route de mécanismes régulateurs par l'organisme probablement endocrines vu le délai observé. C'est la phase de **mise en route de la régulation.**
3e phase	Entre la 60e et la 110e minute, la diurèse est élevée et à peu près constante (courbe 3), la volémie baisse progressivement (courbe 1) et la pression osmotique plasmatique remonte (courbe 2).	L'eau ingérée étant absorbée, le maintien d'une diurèse élevée permet l'élimination de l'excès d'eau et le retour progressif à des valeurs de la pression osmotique et de la volémie proches de la normale . C'est la phase de **correction des variations** dues à l'ingestion rapide d'eau.
4e phase	Entre la 110e et la 130e minute après l'ingestion d'eau, la diurèse diminue rapidement et revient à son niveau initial, la pression osmotique et la volémie continuent à varier lentement jusqu'à la 130e minute où elles retrouvent leur valeur initiale.	L'élimination de l'eau par les reins a permis de corriger les écarts de pression osmotique plasmatique et de volémie ; les mécanismes de régulation mis en jeu, devenus inutiles, cessent. La diurèse retrouve son niveau initial, assurant le maintien des paramètres sanguins à leur valeur normale comme avant l'expérience. C'est la phase de **retour à la normale.**

5.2. Le délai de réponse relativement long (10 minutes) après modification des facteurs sanguins incite à penser qu'il s'agit d'un mécanisme hormonal de régulation de la diurèse ; la principale hormone régulant la diurèse est l'hormone antidiurétique ou ADH.
• D'une façon générale, en réponse aux variations de volémie détectées par les volorécepteurs et aux variations de pression osmotique détectées par les osmorécepteurs, le complexe hypothalamoneurohypophysaire adapte sa sécrétion d'ADH. L'ADH, transportée par voie sanguine, agit sur les cellules cibles des canaux collecteurs de l'urine en augmentant la réabsorption facultative de l'eau à leur niveau.
• Dans le cas proposé à la question 5.1., l'hypervolémie et l'hypo-osmolarité plasmatique dues à l'ingestion d'eau sont détectées par les récepteurs, d'où la diminution de la sécrétion d'ADH (l'ADH circulante est peu à peu éliminée par le foie). En réponse à cette baisse de l'ADH circulante, la réabsorption facultative de l'eau diminue. L'excès d'eau est éliminé dans l'urine et il y a augmentation de la diurèse (polyurie). Lorsque le volume d'eau éliminé est suffisant, la pression osmotique

plasmatique et la volémie s'approchent de leur valeur normale ; la stimulation des récepteurs et la sécrétion d'ADH reprennent, donc la réabsorption facultative de l'eau augmente, d'où la baisse de la diurèse jusqu'au retour à une valeur normale.

6.1. Le tableau montre les conséquences de l'ablation des glandes surrénales sur la natrémie, la natriurèse, la diurèse et l'équilibre acidobasique de l'organisme.
La surrénalectomie entraîne une hyponatrémie et une hypernatriurie, signes qu'une trop grande quantité d'ions sodium filtrés restent dans l'urine et sont éliminés. L'ablation diminue donc la réabsorption tubulaire des ions sodium filtrés.

6.2. Les corticosurrénales sont des glandes endocrines qui sécrètent une hormone responsable de la régulation de l'élimination urinaire des ions sodium : l'aldostérone. L'aldostérone stimule la réabsorption facultative des ions sodium (qui ont été filtrés au niveau du glomérule) par les cellules tubulaires distales du néphron.

6.3. Pour prouver l'origine hormonale de cette molécule, on peut injecter par voie sanguine soit un extrait de glande, soit directement la substance active (aldostérone) ; on peut aussi effectuer une greffe de la glande ou même placer un implant sous-cutané. Dans tous les cas, il y aura correction des troubles observés ou, si les doses administrées sont trop fortes, une inversion de ces troubles (hypernatrémie et oligurie avec hyponatriurie).

6.4. La polyurie est l'augmentation de la diurèse des 24 heures.
Conformément aux lois de l'osmose, les déplacements d'eau sont liés aux déplacements des solutés ; en absence d'aldostérone, l'élimination urinaire des ions sodium augmente, d'où augmentation de la pression osmotique urinaire ; le volume d'eau retenu dans l'urine définitive est plus grand ; c'est la diurèse osmotique, elle explique la polyurie observée.

6.5. En l'absence d'aldostérone, la réabsorption des ions sodium diminue. La sécrétion d'ions H_3O^+, couplée à cette réabsorption, diminue donc aussi. L'urine contient moins d'ions H_3O^+, d'où diminution de l'acidité urinaire : le pH urinaire (6) est supérieur à la valeur témoin (5). Par contre, les ions H_3O^+ non éliminés dans l'urine s'accumulent dans le sang, d'où acidification, mais le pH plasmatique diminue peu (7,2 au lieu de 7,35) grâce à la présence de systèmes tampons sanguins efficaces : on observe donc une acidose modérée.

7.1. Dans le glomérule (2) circule le sang capillaire. Dans la capsule de Bowman (A) se forme l'ultrafiltrat glomérulaire ou urine primitive.
La pression oncotique est la pression osmotique due à la présence de protéines en solution dans les liquides physiologiques. (Elle est responsable de la diffusion par osmose de molécules d'eau du compartiment où la concentration protéique est la plus basse vers celui où elle est la plus élevée.)
Les protéines sont des macromolécules de masse molaire trop élevée pour diffuser librement à travers l'endothélium des capillaires glomérulaires et l'épithélium de la capsule de Bowman. Il n'y a donc pas de protéines dans l'urine primitive (ultrafiltrat) dans les conditions normales, d'où sa pression oncotique égale à 0 kPa.

7.2. La pression efficace de filtration est la pression qui commande le passage effectif des molécules filtrables du plasma, des capillaires sanguins vers la lumière de la capsule de Bowman. Elle est la résultante des différentes pressions en jeu entre les deux compartiments :
- pressions en faveur de la filtration glomérulaire : pression hydrostatique sanguine, pression oncotique « capsulaire », soit 6,9 + 0,0 = 6,9 kPa ;
- pressions s'opposant à la filtration glomérulaire : pression hydrostatique « capsulaire », pression oncotique plasmatique, soit 1,3 + 4,1 = 5,4 kPa.

Pression efficace de filtration = (pression hydrostatique sanguine + pression oncotique capsulaire) – (pression hydrostatique capsulaire + pression oncotique plasmatique).

La pression efficace de filtration est dans les conditions normales : 6,9 – 5,4 = 1,5 kPa.

7.3. Le débit de filtration glomérulaire est proportionnel à la pression efficace de filtration (énoncé), c'est-à-dire que toute variation de l'une entraîne une variation de l'autre dans le même sens.

Un débit de filtration faible ou nul est donc lié à une pression efficace de filtration faible ou nulle.
- **Lors d'une hémorragie importante et brutale**, il y a diminution de la pression hydrostatique sanguine dans les capillaires glomérulaires (< 6,9 kPa) du fait de l'hypovolémie générale et de la vasoconstriction artérielle qui en résulte à l'entrée du rein. En conséquence, conformément au principe de calcul établi précédemment, la pression efficace de filtration diminue. Elle s'annule lorsque la pression hydrostatique sanguine dans le glomérule est seulement égale aux pressions s'opposant à la filtration, soit pour une valeur de 1,3 + 4,1 = 5,4 kPa.
Le débit de filtration est alors nul aussi. La filtration glomérulaire cesse, conduisant d'abord à une oligurie puis éventuellement à une anurie.
- **En cas de calculs obstruant un uretère**, l'urine s'accumule dans les voies urinaires en amont de l'obstacle : bassinet, calices, canaux collecteurs, tubules. L'écoulement de l'urine en formation ne se fait plus dans les néphrons du rein ; la pression hydrostatique capsulaire s'élève (> 1,3 kPa). Lorsque la différence de pression en faveur de la filtration glomérulaire s'annule, c'est-à-dire pour une pression hydrostatique capsulaire de 6,9 – 4,1 = 2,8 kPa, la pression efficace de filtration devient nulle et le débit de filtration est alors nul ; la filtration glomérulaire cesse dans le rein drainé par l'uretère obstrué, d'où un risque d'insuffisance rénale aiguë.

TERMINOLOGIE

1.1. 1. néphro/pathie = terme générique désignant toutes les affections des reins ; 2. dys/urie = mictions difficiles et souvent douloureuses ; 3. an/urie = absence d'émission d'urine ; 4. glycos/urie = présence de glucose dans les urines ; 5. cyst/ite = inflammation de la vessie ; 6. néphr/ectomie = intervention chirurgicale consistant en l'ablation d'un rein ; 7. pyélo/tomie = ouverture chirurgicale du bassinet ; 8. urétéro/stomie = abouchement des uretères à la peau.

1.2. 1. néphro = rein ; néphrite = inflammation du rein ; néphropexie = fixation d'un rein en bonne position…
2. pathie ou patho = maladie ; cardiopathie = terme désignant toutes les affections du cœur ; pathogénie = mécanisme expliquant l'apparition d'une maladie…
3. dys = difficulté ; gêne ; dysphagie = difficulté à avaler ; dyspepsie = difficulté à digérer…
4. urie = urine ; calciurie = quantité de calcium contenue dans les urines de 24 heures ; kaliurie = teneur des urines de 24 heures en potassium…
5. an ou a = absence ; anorexie = absence d'appétit ; asthénie = fatigue (perte des forces)…
6. glyco = glucose ; glycémie = quantité de glucose dans un litre de sang ; glycorachie = quantité de glucose dans un litre de LCR…
7. cysto = vessie ; cystectomie = ablation de la vessie ; cystodynie ou cystalgie = douleur de la vessie…
8. ite = inflammation ; gastrite = inflammation de l'estomac ; arthrite = inflammation d'une articulation ; gingivite = inflammation des gencives…
9. ectomie = ablation ; gastrectomie = ablation de l'estomac ; hystérectomie = ablation de l'utérus…
10. pyélo = bassinet ; pyélite = inflammation du bassinet ; pyélonéphrite = inflammation du bassinet et du rein correspondant.
11. tomie = incision ; hystérotomie = incision chirurgicale de l'utérus ; gastrotomie = incision chirurgicale de l'estomac…
12. urétéro = uretère ; urétéral = adjectif relatif à l'uretère ; urétérotomie = incision chirurgicale de la paroi d'un uretère.
13. stomie = aboucher à ; colostomie = abouchement chirurgical du côlon à la peau ; œsoentérostomie = abouchement chirurgical de l'œsophage à l'intestin grêle.

2. 1. Néphro/logie : partie de la médecine consacrée à l'étude des reins et de leurs maladies.
Uro/logie : partie de la médecine consacrée à l'étude des voies urinaires et de leurs maladies ainsi que, chez l'homme, à l'appareil génital et à ses maladies.
Ce sont deux spécialités médicales relatives à l'appareil urinaire mais l'urologie couvre un champ plus vaste car chez l'homme les voies excrétrices urinaires et génitales sont communes.
2. Uric/émie = quantité d'acide urique contenue dans un litre de sang.
Azot/émie = quantité d'urée contenue dans un litre de sang (urée = substance azotée la plus abondante dans le sang car principale forme d'élimination des déchets protéiques).
Ces deux termes correspondent à des concentrations sanguines de substances différentes, toutes deux déchets du catabolisme protidique et contenant donc de l'azote.
3. Poly/urie = augmentation de la diurèse des 24 heures.
Pollaki/urie = mictions trop fréquentes.
Le premier terme désigne une anomalie de la quantité d'urines sécrétée, le deuxième une anomalie de la fréquence des mictions sans préjuger du volume des urines émis.
4. Lithiase = formation de calcul ou concrétion dans un organe muni d'un canal

excréteur.
Litho/tritie = destruction des calculs par les ultra-sons.
Ces deux termes se rapportent aux calculs ou concrétions ; le premier désigne un processus pathologique, tandis que le deuxième désigne un moyen thérapeutique utilisé pour détruire les calculs, donc pour soigner un malade atteint de lithiase.
5. Hémo/dialyse = procédé d'épuration extra-rénale.
Greffe rénale = remplacement des reins qui ont été enlevés par un rein prélevé sur un donneur (qui est le plus souvent un sujet jeune en état de coma dépassé).
Ce sont deux moyens thérapeutiques de suppléance de la fonction rénale ; l'hémodialyse précède la greffe rénale, afin d'attendre qu'un rein puisse être prélevé sur un donneur histocompatible avec le malade.
6. Uric/urie = uricos/urie = quantité d'acide urique éliminé dans les urines de 24 heures. Ces termes sont des synonymes.

3. 1. cysto/tomie, 2. uro/culture, 3. cyst/algie ou cyst/odynie, 4. di/urétique, 5. pyél/ectasie, 6. olig/urie, 7. an/urie, 8. fibro/cysto/scopie, 9. urétéro/colo/stomie, 10. hyper/azot/émie.

4. • glycos/urie = présence anormale de glucose dans les urines ;
• hémat/urie = présence anormale de sang dans les urines ;
• natri/urie = concentration en sodium dans les urines de 24 heures ;
• protéin/urie = présence anormale de protéines dans les urines ;
• py/urie = présence anormale de pus dans les urines.
Dans tous les cas, les examens et signes concernent les urines ; l'examen révèle soit des éléments cellulaires qui normalement ne se trouvent pas dans les urines (pyurie, hématurie), soit des substances chimiques (sodium, glucose...).
Une seule des substances étudiées est normalement présente dans les urines : le sodium. La présence des autres substances ou éléments est anormale, donc pathologique. Dans cette liste, l'intrus est donc le mot : natriurie.

PHYSIOPATHOLOGIE

L'exploration fonctionnelle rénale comprend :
• l'étude de la fonction endocrine des reins en dosant dans le sang, par exemple, la rénine (réninémie) et/ou le calcium (calcémie) ;
• l'étude de la fonction d'épuration des reins (élimination des déchets du catabolisme protidique) par des examens biologiques comme la mesure des concentrations sanguines et urinaires de l'urée (azotémie, azoturie) et autres déchets azotés tels que la créatinine (créatininémie, créatininurie) et l'acide urique (uricémie, uricosurie), ainsi que l'appréciation de la clairance à la créatinine ; la détermination de la diurèse des 24 heures est indispensable pour apprécier l'élimination rénale de l'eau et des solutés ;
• l'étude de l'équilibre hydroélectrolytique par la comparaison des inogrammes sanguin et urinaire ;
• l'étude de l'équilibre acidobasique par la détermination de la réserve alcaline ou teneur en hydrogénocarbonates d'un litre de sang ;

• la recherche de constituants anormaux dans les urines traduisant l'atteinte des néphrons (glomérule/tubule) : recherche d'une glycosurie et/ou d'une protéinurie et/ou d'une hématurie et/ou d'une pyurie ;
• la recherche d'anomalies morphologiques (congénitales ou acquises), de tumeurs, d'atteintes infectieuses… (pouvant expliquer les signes cliniques ou paracliniques observés) par des examens d'imagerie diagnostique : UIV et/ou échographie ou échotomographie et/ou scintigraphie rénales et/ou endoscopies des voies urinaires (vessie, uretère, bassinet) ;
• parfois, la recherche de la nature de l'atteinte des néphrons ou du parenchyme des reins par l'examen anatomopathologique de ponctions-biopsies rénales.

Homéostasie : régulation de la glycémie - Processus traumatique

6

Corrigés

RAPPELS

APPAREILS ASSURANT UNE FONCTION VITALE		APPAREILS N'ASSURANT PAS UNE FONCTION VITALE	
Appareils et organes	**Spécialités**	**Appareils et organes**	**Spécialités**
A. cardiovasculaire	cardiologie, angéiologie	A. génital féminin	gynécologie
A. respiratoire	pneumologie	Rectum et anus	proctologie
Système nerveux central	neurologie, neurochirurgie	A. locomoteur	rhumatologie et orthopédie
Rein	néphrologie	Yeux	ophtalmologie
Foie	hépatologie		

BIOLOGIE

1.1. Observations.

– Au temps 0, la glycémie de B est supérieure à celle de A.

– Entre 30 et 60 minutes, la glycémie de A augmente de façon moins importante (+ 53 %) que celle de B (+ 88 %).

– Entre 60 et 90 minutes, la glycémie de A commence à baisser. On retrouve une valeur normale en 2 heures 30 minutes et la valeur initiale 4 heures après le début de l'épreuve.

– La glycémie de B est toujours plus élevée que celle de A et ne commence à baisser qu'entre 90 et 120 minutes après l'ingestion de glucose ; la baisse est lente et après 4 heures la glycémie de B est toujours supérieure à la valeur initiale (10,6/8,3).

Conclusions. Au cours de l'épreuve d'hyperglycémie provoquée, l'organisme de A est capable de limiter l'augmentation de la glycémie et de ramener celle-ci à la valeur initiale (valeur normale) assez rapidement : le contrôle de l'hyperglycémie est normal. Au contraire, B présente, avant même l'ingestion de glucose, une hyperglycémie qui s'aggrave au cours de l'épreuve. L'organisme de B est incapable de lutter efficacement contre l'hyperglycémie ; B est donc vraisemblablement atteint de **diabète pancréatique** (dit parfois diabète sucré).

1.2. L'adulte A ne présente de glycosurie (présence de glucose dans les urines) ni à jeun (condition habituelle des prises de sang précédant les mesures de la glycémie et de la glycosurie), ni au cours de l'épreuve d'hyperglycémie provoquée ; ceci confirme que A ne présente pas de troubles du contrôle de l'hyperglycémie.

À jeun, l'adulte B, qui a une hyperglycémie, ne présente pas de glycosurie ; celle-ci apparaît dans les conditions particulières de l'épreuve ; elle est nette dès 30 minutes et elle persiste pendant toute la durée de l'épreuve. Or, une glycosurie associée à une hyperglycémie est l'un des signes biologiques du diabète pancréatique.

L'épreuve d'hyperglycémie provoquée par voie orale permet donc de déceler un état diabétique latent ou modéré (observé souvent au début d'un diabète non insulinodépendant - type II), cas de l'adulte B.

1.3. Les résultats comparés de A et B montrent que :

• pour une valeur de la glycémie inférieure ou égale à 8,4 $mmol.L^{-1}$, il n'y a pas de glycosurie : dans ces conditions, les reins assurent la réabsorption totale du glucose filtré (cas de A tout au long de l'épreuve d'hyperglycémie provoquée) ;

• pour une valeur de la glycémie égale ou supérieure à 10,0 $mmol.L^{-1}$, du glucose est présent dans l'urine : dans ces conditions, les reins n'assurent plus la réabsorption totale du glucose filtré (cas de B de la trentième minute à la fin de l'épreuve).

Il existe en effet une valeur seuil de la glycémie, située d'après ces résultats entre 8,4 et 10,0 $mmol.L^{-1}$, à partir de laquelle la capacité maximale de réabsorption du glucose par les unités fonctionnelles rénales est dépassée.

Par cette limitation de leur capacité de réabsorption du glucose, les reins contribuent à lutter contre l'hyperglycémie en éliminant dans l'urine une partie du glucose sanguin excédentaire.

2.1.

OBSERVATIONS	DÉDUCTIONS
Un animal hépatectomisé présente une hypoglycémie qui entraîne d'abord un coma puis la mort de l'animal.	Une hypoglycémie sévère retentit sur le système nerveux central d'où le coma puis la mort. Le foie est donc un organe vital qui intervient dans la régulation de la glycémie.
Lorsque l'animal est hépatectomisé, il suffit de lui apporter du glucose par voie veineuse pour corriger l'hypoglycémie et faire disparaître le coma.	Dans l'organisme sain, en cas d'hypoglycémie, le foie maintient un apport de glucose dans la circulation (glycogénolyse) ; il est le seul organe à pouvoir remplir cette fonction.

2.2.

ANALYSE DES RÉSULTATS	EXPLICATIONS
Chez l'animal à jeun, la glycémie sus-hépatique est normale malgré une glycémie portale basse.	En cas de jeûne, le foie libère du glucose dans la circulation sanguine – glycogénolyse – pour compenser l'absence de glucose alimentaire.
Après le repas, la glycémie portale est beaucoup plus élevée que la glycémie sus-hépatique	Le foie met l'excès de glucose d'origine alimentaire en réserve – glycogénogenèse – et maintient ainsi la glycémie générale à un niveau normal
Lorsque l'état alimentaire de l'animal change, la glycémie portale varie de façon importante alors que la glycémie sus-hépatique varie peu.	Le foie soit stocke le glucose par glycogénogenèse (après un repas), soit libère du glucose par glycogénolyse (période de jeûne) ; il maintient ainsi la glycémie générale à un niveau normal malgré l'irrégularité des apports alimentaires.

Les réactions biochimiques citées sont sous contrôle hormonal :

• au cours du jeûne, l'hypoglycémie qui apparaît augmente la sécrétion des hor-

mones qui stimulent la glycogénolyse et inhibent la glycogénogenèse, exerçant ainsi un effet hyperglycémiant ; la sécrétion d'insuline hypoglycémiante est inhibée ;
• au cours des repas et pendant la période post-prandiale, l'hyperglycémie qui apparaît augmente la sécrétion d'insuline, hormone qui stimule la glycogénogenèse et inhibe la glycogénolyse, exerçant ainsi un effet hypoglycémiant tandis que la sécrétion des hormones hyperglycémiantes est inhibée.

2.3. L'homéostasie est le maintien d'un certain nombre de constantes physiologiques dont la glycémie autour de leur valeur normale, par régulation nerveuse (système nerveux autonome) ou hormonale ; ceci permet le bon fonctionnement des cellules de l'organisme.
La nécessité du maintien d'une glycémie normale (4,5 à 6,5 $mmol.L^{-1}$) pour éviter un coma hypoglycémique ou des troubles dus à l'hyperglycémie illustre l'importance de l'homéostasie.

3.1. 1 : cellule acineuse sécrétrice /2 : lumière de l'acinus /3 : capillaire sanguin /4 : canal excréteur /5 : tissu conjonctif /zone A : pancréas exocrine, lieu de la sécrétion du suc pancréatique dont les enzymes interviennent dans la digestion /6 : cellules sécrétrices /7 : capillaires sanguins /zone B : îlot de Langerhans du pancréas endocrine, lieu de la sécrétion de deux hormones pancréatiques qui interviennent dans la régulation de la glycémie.

3.2. Chez les malades atteints de diabète de type I, l'hyperglycémie et la glycosurie s'expliquent par l'absence d'insuline, seule hormone hypoglycémiante de l'organisme normalement sécrétée par les cellules β des îlots de Langerhans (zone endocrine du pancréas). La destruction sélective et définitive de ces cellules, révélée par la biopsie du pancréas, explique le déficit en insuline de ces malades et donc leur incapacité à corriger l'hyperglycémie : ce diabète est dit insulinoprive.

3.3. **a.** La molécule active utilisée pour le traitement de ce type de malade est l'insuline ; ce diabète est dit insulinodépendant. L'**effet hypoglycémiant de l'insuline** s'exerce essentiellement grâce à :
• l'augmentation de l'utilisation et du stockage du glucose par **stimulation de l'entrée** du glucose dans les cellules cibles, surtout musculaires et adipeuses, de la **glycogénogenèse** hépatique et musculaire, de la **lipogenèse** hépatique et adipeuse ;
• la diminution de la mobilisation des stocks par **inhibition de la glycogénolyse** hépatique et musculaire et de la **lipolyse** adipeuse ;
• la diminution de la synthèse de glucose par **inhibition de la néoglucogenèse** hépatique.
b. • Lors d'un repas de fête, le diabétique insulinodépendant doit privilégier les aliments non glucidiques et ceux à index glycémique bas, mais il peut aussi manger des sucreries et des gâteaux en quantité raisonnable. La mesure, sur une goutte de sang, de l'hyperglycémie consécutive au repas (juste avant l'injection prévue d'insuline) lui permet de savoir de combien il doit augmenter la dose d'insuline à injecter afin de stimuler les réactions hypoglycémiantes.
• En prévision d'une activité physique importante, le malade doit diminuer la dose d'insuline à injecter car, les muscles utilisant le glucose comme source d'énergie, la

glycémie a tendance à baisser à l'occasion de l'exercice physique ; il ne faut ni trop stimuler les réactions de stockage du glucose ni trop inhiber les réactions qui libèrent des nutriments énergétiques. Le surdosage d'insuline, qui peut conduire à une syncope hypoglycémique, représente le risque majeur du traitement hypoglycémiant (le diabétique doit toujours avoir sur lui du sucre). Le malade peut aussi conserver l'apport d'insuline habituel à condition de prévoir une collation au cours de l'exercice.

c. Le traitement par voie orale est exclu car l'insuline, qui est une petite protéine, ne peut pas être absorbée intacte ; hydrolysée par les sucs digestifs, elle perd toute activité.

4.1.

OBSERVATIONS	DÉDUCTIONS
a - L'alloxane détruit les cellules sécrétrices d'insuline. L'extrait de pancréas, traité à l'alloxane, est actif par voie sanguine et déclenche une hyperglycémie.	L'alloxane détruit les cellules β des îlots de Langerhans. Dans les îlots endocrines pancréatiques d'autres cellules sécrètent une hormone hyperglycémiante.
Cette hormone pancréatique est le glucagon, petite protéine sécrétée par les cellules α des îlots de Langerhans.	
b - L'exercice musculaire intense, le stress ou la stimulation du SN sympathique médullaire déclenche rapidement une hyperglycémie et une augmentation de la concentration du sang en acides gras. La médullosurrénalectomie supprime ces réponses.	Les glandes médullosurrénales ont un effet hyperglycémiant et stimulent la lipolyse. Leur sécrétion, qui dépend de l'activité des centres médullaires du SN sympathique, est stimulée lors des situations d'urgence (activité intense, stress).
L'hormone médullosurrénalienne est l'adrénaline, molécule dérivée de certains acides aminés.	
c - Une hyperactivité des glandes corticosurrénales déclenche une hyperglycémie qui conduit à une glycosurie et une amyotrophie. Ces signes cliniques s'accompagnent d'une augmentation de la néoglucogenèse et des signes du diabète pancréatique qui persistent malgré une insulinémie élevée.	Les corticosurrénales ont une action hyperglycémiante ; elles agissent en stimulant la néoglucogenèse hépatique à partir des acides aminés libérés lors du catabolisme des protéines musculaires tout en diminuant l'efficacité hypoglycémiante de l'insuline.
L'hormone hyperglycémiante corticosurrénalienne est le cortisol, lipide stéroïde (dérivé du cholestérol).	
d - Les extraits thyroïdiens sont actifs par voie sanguine ; ils font baisser la concentration du glycogène hépatique et du glycogène musculaire et sont à l'origine d'une hyperglycémie.	La thyroïde sécrète au moins une hormone hyperglycémiante qui stimule la glycogénolyse (bien que non déductible ici, se rappeler que seul le glucose issu du glycogène hépatique passe dans le sang).
Les hormones thyroïdiennes sont la triiodothyronine (T3) et la thyroxine (T4) dérivées de certains acides aminés.	
e - La valeur de la glycémie conditionne les variations de la sécrétion de STH antéhypophysaire. Glycémie et sécrétion de STH varient en sens inverse (glycémie basse ⇒ stimulation de la sécrétion de STH, glycémie élevée ⇒ inhibition de la sécrétion de STH).	La valeur de la glycémie contrôle la sécrétion de STH. La STH a un effet hyperglycémiant (d'où l'augmentation de la sécrétion en cas d'hypoglycémie afin de corriger celle-ci).
La STH adénohypophysaire est une protéine.	

Conclusion générale. L'organisme dispose de plusieurs hormones hyperglycémiantes pour lutter contre l'hypoglycémie : le glucagon (pancréas), l'adrénaline (médullosurrénales), le cortisol (corticosurrénales), l'hormone somatotrope (hypophyse) et T3 et T4 (thyroïde). La variation de la sécrétion de ces hormones est liée à la valeur de la glycémie (sauf la stimulation des médullosurrénales qui est d'origine nerveuse). Leurs effets s'exercent principalement sur les cellules cibles hépatiques, musculaires et adipeuses ; elles stimulent la glycogénolyse et la néoglucogenèse, la lipolyse et la protéolyse. De plus, les hormones hyperglycémiantes inhibent les réactions chimiques cellulaires responsables de l'effet hypoglycémiant de l'insuline.

4.2. L'hypophyse, la thyroïde et les corticosurrénales sécrètent des hormones hyperglycémiantes qui participent à la lutte contre l'hypoglycémie. Or, après hypophysectomie, il y a atrophie de la thyroïde et des corticosurrénales. L'organisme est donc privé de la STH (du fait de l'ablation de l'hypophyse), des hormones thyroïdiennes et du cortisol (après atrophie des glandes) ; ceci explique son incapacité à corriger parfaitement l'hypoglycémie.
L'atrophie de la thyroïde et des corticosurrénales après hypophysectomie met en évidence le contrôle que l'hypophyse exerce sur l'activité de ces glandes grâce à des stimulines : la TSH (hormone thyréostimuline) contrôle l'activité de la thyroïde et l'ACTH (hormone adénocorticotrope) contrôle la partie des corticosurrénales qui sécrète le cortisol.

TERMINOLOGIE

1. 1. Arthrose = processus dégénératif au niveau d'une articulation ; 2. fracture = rupture d'un os (os « cassé »), on dit aussi : solution de continuité au niveau d'un os ; 3. luxation = dislocation d'une articulation, c'est-à-dire perte permanente du contact des surfaces d'une articulation, déplacement permanent des surfaces articulaires ; 4. fonction vitale = fonction de l'organisme indispensable à la vie, c'est-à-dire dont l'arrêt prolongé, sans traitement de suppléance ou sans réanimation efficace, conduit à la mort (fonctions cardiaque, respiratoire, rénale, hépatique et du système nerveux central) ; 5. cal osseux = formation d'un nouveau tissu osseux reliant les deux parties de l'os fracturé ; 6. ostéosynthèse = réparation d'une fracture à l'aide de vis, de plaques… ; 7. prothèse = remplacement d'un organe ou d'une partie d'organe (articulation par exemple) par un appareil ayant la même forme et/ou la même fonction ; 8. anesthésie = disparition de tous les modes de la sensibilité ; 9. paraplégie = paralysie des membres inférieurs ; 10. position antalgique = choix spontané d'une attitude permettant au sujet de moins souffrir.

2. 1. hémat/ome extra/dural, 2. rachi/centèse, 3. a/réflexie, 4. kinési/thérapie, 5. cervic/arthr/ose, 6. fémur, 7. par/esthésies, 8. a/taxie, 9. parésie, 10. dipl/opie.

3. 1. rhumato/logie = spécialité médicale consacrée à l'étude des affections ostéo-articulaires et à leurs traitements ;
traumato/logie = spécialité médicale ou chirurgicale consacrée à l'étude et au traitement des conséquences des traumatismes (lésions dues à une agression de l'or-

ganisme par un agent extérieur).
Ce sont deux spécialités l'une médicale (rhumatologie), l'autre le plus souvent chirurgicale ou orthopédique (traumatologie) ; de plus, une affection ostéo-articulaire (ex. : une arthrose) peut succéder à un traumatisme, tout comme un traumatisme peut être favorisé par une affection osseuse antérieure (ex. : fracture d'un os atteint d'ostéoporose).
2. Cyphose = déformation de la colonne vertébrale à convexité postérieure, au niveau du dos ; lordose = déviation de la colonne vertébrale à convexité antérieure, au niveau des vertèbres lombaires.
Les deux termes désignent une déviation anormalement importante de la colonne vertébrale.
3. My/algie = douleur musculaire ; a/myo/trophie = diminution de volume d'un ou de plusieurs muscles (fonte musculaire).
Ce sont deux symptômes musculaires, l'un subjectif (myalgie), l'autre objectif (amyotrophie).
4. Arthro/graphie = radiographie d'une articulation nécessitant l'introduction dans celle-ci d'un produit de contraste ; arthro/scopie = endoscopie d'une articulation nécessitant une incision.
Ces deux modes d'exploration d'une articulation utilisent des principes différents : les rayons X (arthrographie), la vision directe de l'intérieur de l'articulation (arthroscopie ou fibroarthroscopie).
5. Hyd/arthr/ose = épanchement de liquide séreux dans une articulation ; arthro/centèse = ponction du liquide contenu dans une articulation.
L'arthrocentèse permet de préciser la nature du liquide responsable de l'hydarthrose.
6. Ostéo/lyse = destruction du tissu osseux ; ostéo/myél/ite = inflammation simultanée du tissu osseux et de la moelle osseuse contenue dans le canal médullaire de l'os.
Ces deux termes concernent le tissu osseux ; l'ostéolyse peut être consécutive à une ostéomyélite.
7. Spondyl/ite = inflammation d'une vertèbre ; spondyl/arthr/ite = inflammation de l'articulation entre deux vertèbres (ou plus).
Dans les deux cas il s'agit d'atteintes inflammatoires de vertèbres mais qui est plus étendue, vertèbres et leur articulation, dans le cas d'une spondylarthrite.
8. Myo/relaxant = (adjectif) qui assouplit les muscles, qui les « décontracte » ; ant/algique = (adjectif) qui combat la douleur.
Ces deux adjectifs, souvent employés comme nom, désignent des effets thérapeutiques.
9. Osté/ome = tumeur bénigne d'un os ; ostéo/sarc/ome = tumeur maligne d'un os.
Ces deux termes désignent des tumeurs osseuses de nature différente.
10. Osté/ite = inflammation d'un os ; myosite = inflammation d'un muscle.
Ces deux termes désignent l'inflammation de deux tissus différents.

4. • peu : pénie (suffixe), oligo (préfixe), pauci (préfixe), hypo (préfixe), spanio (préfixe) ; ex. : leuco/pénie = diminution du nombre de globules blancs dans le sang, olig/urie = diurèse des 24 heures inférieure à la normale, pauci/symptomatique

= adjectif signifiant : qui donne peu de symptômes, peu de signes, hypo/natr/émie = diminution de la teneur en sodium dans le sang, spanio/ménorrhée = allongement de l'intervalle qui sépare les menstruations donc règles rares ;
• beaucoup, plusieurs : hyper (préfixe), poly (préfixe), multi (préfixe) ; ex. : hyper/uric/émie = augmentation de la concentration en acide urique dans le sang, poly/urie = augmentation importante de la diurèse des 24 heures, multi/névr/ite = inflammation de plusieurs nerfs périphériques ;
• absence = a, an, ex. : an/orexie = perte de l'appétit, a/sthénie = fatique (perte des forces) ;
• tout = pan, ex. : pan/card/ite = inflammation simultanée de l'endocarde, du myocarde et du péricarde ;
• un = uni, mono, ex. : uni/latéral = d'un seul côté, mono/plégie = paralysie d'un seul membre ou d'un seul groupe musculaire ;
• deux = bi, di, diplo, ex. : bi/latéral = des deux côtés, dipl/opie = fait de voir deux images pour un seul objet ;
• trois = tri, ex. : triceps = muscle dont l'une des insertions se fait par trois faisceaux ;
• quatre = quadri, tétra, ex. : quadri/plégie = tétra/plégie = paralysie des quatre membres.

PHYSIOPATHOLOGIE

1. Pour les fractures de la colonne vertébrale les facteurs de gravité sont :
• **la topographie des lésions** : les fractures des apophyses transverses ou épineuses sont souvent des fractures bénignes car elles ne compromettent pas la stabilité du rachis alors que les fractures graves du corps vertébral, associées ou non à des fractures des apophyses, compromettent la stabilité du rachis, les fractures avec lésions associées, telles les atteintes de la moelle épinière et parfois du bulbe rachidien, sont graves voire mortelles ; plus la lésion est haut située, plus les conséquences sont graves avec souvent risque de mort si lc bulbe est atteint ;
• **l'importance du traumatisme** : s'il s'agit d'une contusion simple de la moelle épinière (responsable par exemple d'un œdème), les lésions sont réversibles mais si d'autres lésions sont associées (polytraumatisme) le pronostic est aggravé ; par contre, si la moelle épinière est sectionnée, les lésions sont définitives ;
• **l'âge du sujet et son état de santé antérieur** : en effet, chez un sujet âgé atteint d'ostéoporose, un choc même minime peut provoquer une fracture de la colonne vertébrale, responsable de tassements vertébraux s'accompagnant de dorsalgies, d'une cyphose, parfois de paralysies. Certaines maladies héréditaires atteignant les os favorisent les fractures répétées et peuvent entraver la croissance d'un enfant et le rendre difforme. De plus, une fracture grave chez des sujets, quel que soit l'âge, à l'occasion d'accidents, peut être responsable d'un handicap définitif (paralysie, incontinence des sphincters, troubles sexuels).

2.1.

Signes révélant une atteinte locale	Signes révélant une perturbation de l'homéostasie de l'organisme
gonalgie hémorragie extériorisée impotence fonctionnelle ecchymose hématome tétraplégie paraplégie	état de choc coma pyrexie hypothermie tachycardie

2.2. Les examens paracliniques indispensables sont :

• des examens permettant le diagnostic de la lésion tels des examens d'imagerie diagnostique comme des radiographies simples des os et des articulations (ex. : recherche d'une fracture), la scanographie voire l'IRM (ex. : recherche d'un hématome extra-dural ou sous-dural) ;

• des examens pour apprécier l'état général du malade et appliquer le traitement adapté (ex. : réanimation…) :

– des examens biologiques : ionogrammes sanguin et urinaire, mesure du pH sanguin, de la réserve alcaline (si coma, état de choc) ; hémogramme, hématocrite (surtout si hémorragie) ; hémoculture et antibiogramme (si septicémie évoquée par une pyrexie) ;

– des examens par enregistrement graphique : ECG, EEG (si troubles du rythme cardiaque et/ou coma) ;

– l'étude du fond d'œil (si traumatisme crânien).

2.3. • Moyens permettant de maintenir la vie du sujet : réanimation sur le lieu de l'accident puis transport dans un service spécialisé pour permettre le traitement (ex. : ventilation assistée, perfusions de solutés divers pour rétablir l'homéostasie, transfusion sanguine en cas d'hémorragie, mise en place d'une nutrition artificielle).

• Moyens permettant de lutter contre la douleur et de traiter la lésion : immobilisation de la zone atteinte, administration d'antalgiques, désinfection des plaies, traitement chirurgical si nécessaire (ostéoplastie, ostéosynthèse, prothèse…).

• Moyens permettant d'éviter les complications immédiates telles les infections, les escarres, les thromboses : antibiothérapie, séroprophylaxie voire vaccination (ex.. : tétanos), nursing (matelas spéciaux évitant les escarres, massages…), anticoagulants.

• Moyens permettant d'éviter les séquelles ou d'y pallier : kinésithérapie, psychothérapie…

3.

	COMA	ÉTAT DE CHOC
Définition	Perte de la conscience, de la vigilance, de la vie de relation avec ou sans troubles neuro-végétatifs (respiratoires, cardiaques...).	Diminution de la perfusion tissulaire, d'où perturbation grave de l'homéostasie de l'organisme.
Principales étiologies	- Neurologique (lésions du tronc cérébral, de l'encéphale...). - Métabolique (anoxie, hypoglycémie...). - Toxique (alcoolisme, intoxication aux barbituriques...).	- Cardiaque (infarctus, embolie...). - Hémorragie importante. - Choc anaphylactique...
Manifestations cliniques	Selon la profondeur du coma : - réactions aux stimuli : coma vigile ; - somnolence permanente ; - coma profond dit coma carus ; - coma dépassé (EEG plat).	- Souvent agitation et angoisse. - Sueurs froides abondantes. - Extrémités froides et violettes. - Oligurie voire anurie. - Tachycardie, pouls filant, hypotension artérielle.
Évolution	- Complications possibles : vasculaires, infectieuses, nutritionnelles. - Selon la cause, risque de mort ou de séquelles.	Réanimation en urgence sinon mort.

7 Mécanismes de l'immunité - Processus infectieux et parasitaire

RAPPELS

1. main ou doigts, 2. aisselle, 3. tête, 4. oreille, 5. aine, 6. œil, 7. bras.

BIOLOGIE

1.1. A - Organes et tissus lymphoïdes primaires, site de la lymphopoïèse.
l- thymus, organe de maturation des lymphocytes T/ 2- moelle rouge osseuse, organe de l'hématopoïèse et de la maturation des lymphocytes B.
B - Organes et tissus lymphoïdes secondaires, lieu d'élaboration des réponses immunitaires spécifiques associant les lymphocytes, les cellules phagocytaires et les cellules présentant l'antigène ou CPA/ 3- amygdales et végétations adénoïdes, formations lymphoïdes de la muqueuse pharyngée/ 4- ganglions lymphatiques/ 5- rate.

1.2. e - formation de la vésicule d'endocytose (7) autour d'un antigène (6) (particule, molécule, agent pathogène ou cellule reconnus comme étrangers par l'organisme et à l'origine d'une réponse immunitaire spécifique).
c - dégranulation : fusion de la vésicule d'endocytose avec un lysosome (4-vésicule golgienne riche en enzymes d'hydrolyse) pour former le phagosome (5) ou vacuole digestive.
b - digestion enzymatique qui préserve les déterminants antigéniques ou épitopes (3) de l'antigène.
a - rejet des débris de l'antigène contenus dans la vésicule d'exocytose (1) [les phénomènes décrits jusqu'alors correspondent à la phagocytose] et association des épitopes à des molécules membranaires (2).
d - présentation de l'épitope par le macrophage à un lymphocyte T : le macrophage est devenu cellule présentant l'antigène CPA.

2. Les barrières successives qui s'opposent à la progression des agents pathogènes sont ici
• les muqueuses buccale et pharyngée et leur flore commensale qui constituent une barrière à triple action :
– mécanique par la juxtaposition des cellules de l'épithélium et l'action du mucus qui piège les particules,
– chimique par l'action antiseptique de la salive,
– bactériologique du fait de la compétition exercée contre le développement des bactéries étrangères par les bactéries hôtes habituels de la bouche et du pharynx ;
• le tissu conjonctif sous-jacent à la porte d'entrée : à son niveau se développe la réaction inflammatoire locale caractérisée par la phagocytose des agents pathogènes par des macrophages locaux (histiocytes) et des leucocytes sortis des capillaires sanguins par diapédèse (granulocytes neutrophiles, monocytes) ; cette réaction de défense non spécifique est amplifiée par l'action stimulante de médiateurs chimiques libérés localement, responsables de l'augmentation de la circulation locale et du chi-

miotactisme qui attire les cellules phagocytaires : la zone enflammée est rouge, chaude, gonflée et douloureuse, ce qui explique la dysphagie ;
• les amygdales et les ganglions lymphatiques cervicaux dans lesquels se poursuit la réaction inflammatoire non spécifique et surtout où sont induites les défenses spécifiques grâce à la présence des lymphocytes auxquels les cellules phagocytaires, devenues Cellules Présentant l'Antigène CPA, présentent les déterminants antigéniques (épitopes) des agents pathogènes ; les lymphocytes se différencient alors et sont responsables soit de l'immunité humorale par sécrétion d'anticorps, soit de l'immunité à médiation cellulaire par sélection de lymphocytes cytotoxiques ; comme les amygdales, les ganglions cervicaux sont gonflés (adénomégalie) et douloureux.

3. L'expression « large spectre » signifie que l'antibiotique a une spécificité peu importante ; ici il peut détruire (bactéricide) un grand nombre d'espèces bactériennes parmi lesquelles les bactéries pathogènes (traitement) mais aussi celles de la flore intestinale (expliquant les accidents digestifs liés à l'antibiothérapie). Le médicament associé contient des micro-organismes vivants (donc détruits par la chaleur et inhibés par le froid), chargés de reconstituer cette flore intestinale commensale (la voie orale leur permettant de gagner le tube digestif) qui entre en compétition avec les bactéries pathogènes et ainsi s'oppose à leur prolifération.

4.1.

OBSERVATIONS	DÉDUCTIONS
L1, qui reçoit une injection d'anatoxine tétanique puis, 18 jours après, une dose mortelle de toxine tétanique, survit.	L1 est protégé contre la toxine mortelle grâce à l'injection préalable de l'anatoxine qui lui correspond.
L2, qui reçoit du sérum de L1 prélevé 18 jours après l'injection d'anatoxine puis une dose mortelle de toxine tétanique, survit.	Le sérum de L1 prélevé le 18e jour de l'expérience contient des molécules dissoutes capables de protéger L2 contre l'action de la toxine tétanique.
L3, qui reçoit du sérum de L1 prélevé 3 jours après l'injection d'anatoxine puis une dose mortelle de toxine tétanique, meurt.	Le sérum de L1 prélevé le 3e jour de l'expérience ne contient pas les molécules qui protègent contre l'action de la toxine tétanique donc leur synthèse exige un délai.
L4, qui reçoit un sérum de L1 prélevé 18 jours après l'injection d'anatoxine tétanique puis une dose mortelle de toxine diphtérique, meurt.	Le sérum de L1 prélevé le 18e jour de l'expérience ne contient pas de molécules capables de protéger L4 contre l'action de la toxine diphtérique donc les molécules protectrices synthétisées par L1 sont spécifiques de la toxine tétanique.

Conclusion générale.
L'immunité contre la toxine tétanique est une **immunité acquise** après un délai minimal (ici entre le 4e et le 18e jour). Elle est due à des molécules dissoutes circulant dans le plasma – **immunité humorale** – et elle est immédiatement transmissible, par le sérum du sujet protégé, à des sujets non protégés.

Ces molécules plasmatiques protectrices sont des protéines (gamma ou immunoglobulines) appelées **anticorps.** Ces anticorps reconnaissent les épitopes (déterminants antigéniques) présents sur l'anatoxine tétanique comme ceux présents sur la toxine tétanique et se fixent sur eux – formation de complexes immuns – ; ceci empêche l'action de la toxine sur les centres nerveux – c'est la neutralisation – et facilite son élimination par phagocytose des complexes immuns : c'est l'opsonisation spécifique.

4.2. **a.** D'après ces expériences, une **anatoxine** est une molécule obtenue après transformation d'une toxine par traitement physico-chimique (chaleur, formol) ; sa fabrication supprime sa toxicité : elle est **non pathogène** ; elle est reconnue comme étrangère par l'organisme dans lequel elle est injectée et elle est capable de déclencher une réaction immunitaire spécifique contre elle (sécrétion d'anticorps anti-anatoxine) : elle est **immunogène** ; les anticorps secrétés après injection d'anatoxine neutralisent la toxine correspondante : la **fabrication** d'anatoxine **respecte les épitopes** de la toxine d'origine.
b. Le lapin L1 survit car il synthétise lui-même les anticorps dirigés contre la toxine tétanique : c'est une **immunité active** qui est d'autant plus durable qu'on entretient la présence des cellules compétentes en effectuant des injections régulières d'anatoxine (rappels) : il s'agit d'une **vaccination** par l'anatoxine tétanique.
Le lapin L2 survit grâce aux anticorps qui lui sont apportés par le sérum de L1 : c'est une **immunité passive** qui est peu durable (environ trois semaines) car les anticorps injectés sont détruits et L2 ne possède pas les cellules compétentes pour les synthétiser : il s'agit de **séroprophylaxie** (ou séroprévention).

4.3. Les molécules d'anatoxines tétanique et diphtérique possèdent des épitopes différents. Le sérum S1 contient des anticorps spécifiques des épitopes de l'anatoxine et de la toxine tétaniques.
Lorsque la première fraction de S1 passe sur la colonne contenant l'anatoxine tétanique, ces anticorps se fixent sur l'épitope qu'ils reconnaissent. Le filtrat Fa qui sort de la colonne ne contient donc plus d'anticorps antitoxine tétanique ; son injection au lapin L5 n'apporte aucune protection contre la toxine administrée et L5 meurt du tétanos.
Lorsque la deuxième fraction de S1 passe sur la colonne contenant l'anatoxine diphtérique, les anticorps antitoxine tétanique ne reconnaissent pas les épitopes présents et ne se fixent pas. Le filtrat Fb qui sort de la colonne contient donc toujours les anticorps antitoxine tétanique ; son injection au lapin L6 le protège contre la toxine administrée : L6 survit.
On vérifie ici la spécificité des anticorps vis-à-vis d'un antigène dont ils reconnaissent les déterminants antigéniques.

5.

ANTIGÈNES \ AGENTS	VIRUS	BACTÉRIE
Agent entier inactivé ou tué	de la poliomyélite injectable	bacille de la typhoïde
Agent entier atténué	de la poliomyélite buvable	BCG
Sous-unité de l'agent pathogène	Ag Hbs du virus de l'hépatite B	polyoside capsulaire du bacille de la typhoïde
Molécule pathogène inactivée		anatoxine tétanique

Pour les vaccins antipoliomyélitiques, l'agent pathogène est un virus. On peut supposer avec bon sens que la forme introduite par injection dans l'organisme, donc celle qui ne rencontrera pas de barrière naturelle, est la forme inactivée afin d'éviter tout risque pour le sujet vacciné. La forme atténuée est introduite par voie orale et est prise en charge par le système de défense dès sa traversée de la muqueuse digestive comme le serait le virus lui-même.

6.1. **a.** Les différentes classes d'immunoglobulines connues sont :
• les Ig M (réponse primaire) et les Ig G (réponse primaire et surtout secondaire) présentes dans le plasma ;
• les Ig A présentes dans le plasma et surtout dans des sécrétions exocrines comme le lait maternel, les larmes, les sécrétions digestives, respiratoires et urogénitales... ;
• les Ig E présentes dans le plasma (en cas de parasitoses et de phénomènes d'allergie) ;
• les Ig D présentes à la surface des lymphocytes B.
b. La molécule P d'origine virale représente pour le cobaye un **hétéro-antigène** : molécule étrangère appartenant à une autre espèce et déclenchant une réaction immunitaire. Il s'agit ici de l'**immunité humorale** puisqu'on suit la sécrétion des anticorps.
• Lors de la première injection d'antigène P, la sécrétion des anticorps anti-P, Ig M puis Ig G, commence le 6e jour, est maximale du 10e au 14e jour puis faible dès le 21e jour : c'est la **réponse primaire** caractérisée par une sécrétion tardive, modérée et peu durable d'Ig M puis d'Ig G.
• Après la deuxième injection d'antigène P, la sécrétion des anticorps anti-P, Ig G uniquement, commence dès le 2e jour. Elle est élevée et maximale le 7e jour et reste importante pendant plusieurs mois : c'est la **réponse secondaire** ou **réponse anamnestique** caractérisée par une sécrétion précoce, abondante et durable d'Ig G.

6.2. La molécule H est une petite molécule.
• La présence de taches fluorescentes sur la plaque montre que les anticorps anti-immunoglobulines de cobaye n'ont pas été éliminés par le deuxième lavage donc ils sont fixés sur des immunoglobulines de C1 ; des anticorps présents dans le sérum de C1, non éliminés par le premier lavage, ont donc réagi avec la molécule H.
L'absence de fluorescence sur la plaque témoin montre que le sérum de C1, avant injection de P, ne contient pas d'anticorps réagissant avec H.
La molécule H, préparée à partir de P, n'est donc reconnue que par les anticorps anti-P ; H et P possèdent donc des épitopes communs.

• L'injection de molécule H au cobaye C2 n'est pas suivie de la secrétion d'anticorps (contrairement au cas du cobaye C1 après injection de molécule P) : H est donc non immunogène.
• Une telle molécule, petite, capable de fixer des anticorps spécifiques, mais incapable de provoquer leur secrétion, est appelée **haptène.**

6.3. D'après la réponse à la question 6.1., la présence d'immunoglobulines Ig M (en plus des Ig G) spécifiques du virus de la rubéole dans le sang de Mme D. est le signe d'une réponse primaire. De plus, on sait que les Ig M ne traversent pas la barrière placentaire contrairement au virus. L'embryon D. est donc très mal protégé car les anticorps maternels apparaissent trop tardivement et en trop faible quantité pour stopper l'infection avant le passage transplacentaire du virus.
Au contraire, la présence d'Ig G et l'absence d'Ig M dans le sang de Mme S. sont les signes d'une réponse secondaire. De plus, on sait que les Ig G traversent la barrière placentaire. L'embryon S. est donc bien protégé car les anticorps maternels apparaissent rapidement et en grande quantité, et sont capables de stopper l'infection avant le passage transplacentaire du virus et de poursuivre leur action chez l'embryon contre les virus qui auraient traversé le placenta.

7. Les anticorps présents dans le sang du malade atteint de diabète de type I sont dirigés contre ses propres cellules : ils sont appelés auto-anticorps. Les cellules β des malades doivent donc présenter à leur surface des motifs antigéniques nouveaux ou modifiés : les auto-antigènes, sur lesquels se fixent ces auto-anticorps. Il s'agit d'une **maladie auto-immune** au cours de laquelle les immunocytes identifient comme étrangères à l'organisme les cellules β porteuses des auto-antigènes et induisent contre elles une immunité humorale qui conduit à leur cytolyse et à la perte de leur fonction, ici la sécrétion d'insuline, unique hormone hypoglycémiante de l'organisme, d'où l'installation du diabète pancréatique.

8. Lot 4 (souris témoins) : les globules rouges de mouton constituent pour les souris des hétéro-antigènes (antigènes d'une autre espèce) dont l'injection entraîne une réponse immunitaire spécifique humorale ; l'hémagglutination observée en présence de GRM résulte de la formation d'amas dans lesquels les globules rouges sont liés entre eux par des anticorps spécifiques fixés sur leurs déterminants antigéniques (épitopes) membranaires.
Chez les souris des lots 1, 2 et 3, la thymectomie supprime les lymphocytes T et l'irradiation détruit les cellules de la moelle osseuse, en particulier les lymphocytes B. À l'issue des expériences, seul le sang des souris du lot 3, qui reçoivent des lymphocytes B et des lymphocytes T, conduit à une réaction d'agglutination des GRM, comme celui des souris témoins. En effet, la sécrétion des anticorps, ici les anticorps anti-GRM responsables de la réaction d'hémagglutination, exige la **coopération cellulaire** entre les deux catégories de lymphocytes : les lymphocytes B proliférant et se différenciant en plasmocytes qui sécrètent les anticorps ; les lymphocytes T4 (auxiliaires) stimulant cette prolifération et cette différenciation.
Les souris du lot 1, qui n'ont reçu que des lymphocytes B sécrètent très peu d'anticorps anti-GRM (pas de stimulation) ; les souris du lot 2, qui n'ont reçu que des

lymphocytes T, ne sécrètent pas d'anticorps anti-GRM (pas de cellules sécrétrices) : il manque, pour ces deux lots, une catégorie d'immunocytes et la faible concentration ou l'absence d'anticorps anti-GRM dans le sérum du sang prélevé sur les souris explique l'absence d'agglutination des GRM.

9.1. CPA : cellule présentant l'Ag ; LB : lymphocyte B ; LT : lymphocyte T.

Cellule infectée	Cellule de l'organisme reconnue et infectée par le virus grâce à ses récepteurs membranaires spécifiques ; elle peut être phagocytée ou devenir CPA elle-même.
Macrophage	Immunocyte non spécifique qui phagocyte les cellules infectées et peut devenir CPA.
Lymphocyte T4 ou auxiliaire	Immunocyte sélectionné après présentation de l'antigène par une CPA et différencié soit en LT4 stimulant la prolifération et la différenciation des LT8 et des LB, soit en LT4 à mémoire.
Lymphocyte T8 ou cytotoxique	Immunocyte sélectionné après présentation de l'antigène par une CPA et différencié, sous contrôle de LT4, en cellule responsable de la cytolyse des cellules infectées par le virus : immunité à médiation cellulaire.
Lymphocyte B	Immunocyte sélectionné par la fixation de l'antigène sur ses anticorps membranaires (IgD) et différencié, sous contrôle de LT4, soit en plasmocyte, soit en LB à mémoire.
Plasmocyte	Immunocyte résultant de la différenciation d'un LB et responsable de la sécrétion d'un type d'anticorps spécifique d'un épitope de l'antigène initial : immunité humorale.

9.2. Une baisse générale des défenses immunitaires indique que les deux types d'immunité spécifique, immunité humorale (liée aux lymphocytes B et aux plasmocytes) et immunité à médiation cellulaire (liée aux lymphocytes T8), sont atteints. Or, conformément à la réponse précédente (9.1.), la sous-population des lymphocytes T4 est la seule à intervenir dans l'induction de ces deux types d'immunité en activant la prolifération et la différenciation de ces différentes cellules (LB et LT8). C'est donc la sous-population des LT4 qui est d'abord détruite lors de l'infection par le virus du VIH.

9.3. • Le complément est un ensemble de protéines (facteurs) plasmatiques inactives dont l'action non spécifique est déclenchée par activation en chaîne. Cette activation peut résulter de la fixation directe et non spécifique d'un des facteurs sur l'antigène (cellule ou bactérie) ; elle renforce l'attirance des cellules phagocytaires pour l'antigène : c'est le **chimiotactisme**, et elle facilite la phagocytose de ces antigènes : c'est l'**opsonisation non spécifique** ; elle peut aussi conduire à la **cytolyse** des cellules ayant fixé le complément.

• Le détail du schéma en bas et à gauche illustre qu'un anticorps reconnaît spécifiquement un épitope de l'antigène et se fixe sur lui pour former le complexe antigène-anticorps ou complexe immun. Les anticorps neutralisent alors l'action de l'antigène sur lequel ils se fixent et facilitent sa phagocytose par des macrophages possédant les récepteurs membranaires capables de reconnaître le complexe immun : c'est l'**opsonisation spécifique**.

• Le détail du schéma en bas et au milieu montre que la spécificité des anticorps -Ig M et Ig G- peut s'associer à l'action non spécifique du complément : le complexe immun (libre ou lié à la surface des cellules infectées) peut fixer l'un des facteurs du complément ; cette activation du complément par certaines immunoglobulines (Ig M et Ig G) augmente l'efficacité de ses effets.

10.1. Chaque cas de rejet montre que la souris receveur a reconnu les cellules de la souris donneur comme étrangères à son organisme. Les expériences étant toutes effectuées à partir de souris, les antigènes en jeu ne sont donc pas des xéno- ou hétéro-antigènes caractéristiques des différences entre espèces animales, mais des antigènes communs à l'espèce souris, présentant plusieurs formes alléliques : il s'agit donc d'allo-antigènes.

En a) le rejet des greffons de A et de C par B1 montre que les allo-antigènes des souris A et C sont différents de ceux de la souche B. Lors de la première greffe de chaque fragment de peau, A puis C, le délai de 10 jours nécessaire au rejet s'explique par la nécessité, pour le système immunitaire de B1, de sélectionner les immunocytes qui reconnaissent les allo-antigènes caractéristiques des cellules A et C et qui sont capables de détruire ensuite les cellules du greffon qui les portent : c'est la **réponse primaire** contre le greffon A puis contre le greffon C.

Lors de la deuxième greffe de peau de A sur B1, le délai de 2 jours nécessaire au rejet du greffon s'explique par la présence d'immunocytes ayant gardé en mémoire la structure des allo-antigènes de A, les lymphocytes à mémoire, prêts à activer les mécanismes de cytolyse des cellules qui les portent : c'est la **réponse secondaire** ou **réponse anamnestique**.

L'élimination en 2 jours du greffon A, sans rejet simultané du greffon C, montre que les immunocytes spécifiques des allo-antigènes de A ne reconnaissent pas les allo- antigènes de C. Les allo-antigènes des deux greffons sont donc différents ; les souris A et C sont de souches différentes et une greffe de C sur A doit logiquement être rejetée comme le serait une greffe de A sur C.

10.2. La souris de souche D qui a déjà rejeté une greffe de peau de souris C possède des défenses spécifiques contre les allo-antigènes de C ; il peut s'agir soit d'anticorps anti allo-antigènes C présents dans le sérum de D (immunité humorale), soit de lymphocytes spécifiques des cellules portant ces allo-antigènes et présents dans la fraction leucocytaire du sang de D (immunité à médiation cellulaire), soit des deux (combinant les deux types d'immunité).

En b) l'absence d'accélération du rejet du greffon C après injection de sérum de D à B2 montre que, si une immunité humorale se développe contre les allo-antigènes de C, elle n'est pas prédominante dans le déclenchement du rejet.

En c) l'accélération du rejet du greffon C par B3 ayant reçu des leucocytes de D, parmi lesquels des lymphocytes, montre que l'immunité à médiation cellulaire est la principale responsable du rejet de la greffe.

10.3. En d) le non rejet de la greffe de peau de A par la souris B4 montre que les cellules de A sont identifiées comme n'étant pas étrangères à l'organisme de B4 : c'est un exemple de **tolérance immunitaire** qui a été **induite** par l'injection précoce de cellules de A au nouveau-né. En effet, à ce stade du développement du souriceau, le système immunitaire immature n'a pas encore appris à faire la différence entre des cellules étrangères et les cellules de son organisme. Les allo-antigènes des cellules de A sont donc identifiés comme appartenant à l'organisme comme les allo-antigènes caractéristiques des cellules de souche B et propres à B4.
Par contre, le greffon de peau de C est rejeté par B4 car les allo-antigènes des cellules de C sont inconnus du système immunitaire de B4 qui les identifie comme étrangers et sélectionne des immunocytes spécifiques qui détruisent les cellules qui les portent.

10.4. • Il existe deux cas de greffe forcément compatible :
– l'**isogreffe** (greffe isogénique ou isologue ou syngénique d'un sujet sur un sujet identique), c'est-à-dire entre deux jumeaux monozygotes (comparables aux souris B de souche pure car ayant la même information génétique) ; le cas est rare et inutilisable en cas de nécessité de greffe d'un organe impair type cœur !
– l'**autogreffe** (greffe autologue d'un sujet sur lui-même) pratiquée pour les greffes de peau avec succès si la surface à greffer n'est pas trop étendue et pour certaines greffes de moelle osseuse.
• Dans les autres cas, la réussite d'une **allogreffe** (homogreffe ou greffe allogénique ou homologue, d'un sujet sur un autre de la même espèce) est donc conditionnée par la recherche du greffon présentant un degré d'histocompatibilité maximal c'est-à-dire une communauté des antigènes HLA (système des Antigènes cellulaires Humains découvert sur les Lymphocytes) la plus grande possible entre le donneur et le receveur. Ceci, plus fréquent à l'intérieur d'une fratrie, n'est pas toujours possible. Il existe des banques de données conservant la carte HLA des receveurs potentiels et permettant d'attribuer rapidement un organe disponible au malade le plus histocompatible.
L'**hétérogreffe** (greffe xénogénique d'un donneur sur un receveur d'une autre espèce) n'est pas de pratique courante même si des greffes singe-homme ont été tentées dans des cas désespérés.
• Il n'est pas possible d'induire une tolérance immunitaire précoce du type de celle de l'expérience d. Il convient donc de l'installer artificiellement par l'utilisation de traitements immunosuppresseurs qui, en freinant l'activité des cellules immunitaires, permettent au greffon d'établir des relations fonctionnelles normales avec son hôte. De tels traitements doivent s'accompagner de mesures strictes de prévention des infections, le malade immunodéprimé étant sensible aux infections opportunistes.

11. Les anticorps sont synthétisés dans l'organisme par des plasmocytes différenciés à partir de lymphocytes B (LB) : la sélection d'un LB reconnaissant un épitope d'un antigène est suivie de sa reproduction par mitoses successives – formation d'un clone de cellules toutes issues du même LB initial – et de la différenciation des LB du clone en plasmocytes sécréteurs d'anticorps spécifiques de l'épitope de l'antigène qui a servi à la stimulation immunitaire (voir schéma de l'exercice 9.).

Dans les organes lymphoïdes secondaires coexistent des plasmocytes issus de clones cellulaires divers (reconnaissant des épitopes de très nombreux antigènes) qui libèrent dans la circulation des anticorps constituant un mélange aux spécificités multiples : on parle d'anticorps polyclonaux.

Les anticorps monoclonaux sont synthétisés en laboratoire par les cellules d'un même clone cellulaire obtenu à partir d'une cellule mère, l'hybridome, résultant de la fusion d'un lymphocyte B avec une cellule de myélome.

• Comme le LB initial, les cellules du clone fabriquent une seule qualité d'anticorps dirigés contre un seul des épitopes de l'antigène servant à la stimulation immunitaire.

• Comme la cellule cancéreuse de myélome, les cellules du clone sont caractérisées par une reproduction rapide et illimitée.

On obtient ainsi, rapidement et en grande quantité, des anticorps spécifiques d'un seul épitope d'un antigène donné.

On utilise les anticorps monoclonaux pour la reconnaissance d'un antigène précis, sans craindre la reconnaissance simultanée de plusieurs antigènes par des anticorps mélangés.

Exemples d'utilisation des anticorps monoclonaux :

– diagnostic : identification, par les anticorps monoclonaux correspondants, par exemple de cellules cancéreuses porteuses de marqueurs tumoraux, du virus de l'herpès ou de la population de lymphocytes touchée dans certaines maladies de l'immunodéficience ;

– traitement : élimination sélective, par des anticorps monoclonaux couplés à des molécules cytotoxiques, des cellules porteuses de l'épitope contre lequel ces anticorps sont dirigés tout en préservant les autres cellules.

TERMINOLOGIE

1. • Bactérie : micro-organisme unicellulaire, de forme variable, saprophyte ou pathogène.

• A/symptomatique : (adjectif), qui n'entraîne aucun signe clinique.

• Pouvoir patho/gène d'un micro-organisme : capacité pour un agent vivant microscopique (microbe ou parasite unicellulaire) de provoquer une maladie infectieuse ou parasitaire dans l'organisme dans lequel il a pénétré.

• Toxi-infection : manifestations pathologiques, parfois graves, dues à l'action d'une substance toxique (toxine) produites par un agent pathogène.

• Infection opportuniste : infection due à la diminution importante des défenses immunitaires d'un sujet permettant à des microbes saprophytes ou quiescents d'acquérir ou de retrouver un pouvoir pathogène.

• Maladie infectieuse nosocomiale : maladie infectieuse due à des germes contractés en milieu hospitalier, le plus souvent résistants aux divers antibiotiques.

• Poly/parasitose : présence, chez un malade, de plusieurs parasites d'espèces différentes.

• Myc/ose : maladie infectieuse due à un champignon inférieur.

• Adéno/mégalie : augmentation de volume d'un ganglion lymphatique.

• Éryth/ème : rougeur transitoire de la peau due à une inflammation ou à une irritation.

2. 1. hémato/zoaire, 2. hémato/phage, 3. virus, 4. copro/culture, 5. pyo/gène, 6. chimio/pro/phylaxie, 7. sida, 8. anti/bio/gramme, 9. séro/diagnostic, 10. prurit.

3. 1. **ingestion** : absorption d'une substance par voie orale ; **inhalation** : absorption d'une substance par voie respiratoire. Ces termes désignent deux modes de pénétration d'une substance dans l'organisme.
2. **incubation** : laps de temps écoulé entre la pénétration de l'agent pathogène dans l'organisme et l'apparition des premiers signes cliniques caractéristiques de la maladie, période le plus souvent asymptomatique ; **période d'état** : période de la maladie pendant laquelle tous les signes caractéristiques de la maladie sont présents.
Il s'agit du premier et du troisième stades d'évolution d'une maladie infectieuse, entre les deux se situe la période d'invasion.
3. **endémique** : adjectif relatif au mode de propagation d'une maladie infectieuse qui atteint dans une région ou dans un pays donnés, en permanence, un certain nombre de sujets, empêchant l'éradication de cette maladie ; **épidémique** : adjectif relatif au mode de propagation d'une maladie infectieuse qui atteint très rapidement un très grand nombre de sujets d'une région ou d'un pays.
Ces deux termes désignent deux modes différents de propagation d'une maladie infectieuse ou parasitaire.
4. **hyper/thermie** : augmentation importante de la température interne d'un sujet ; **anti/pyrétique** : adjectif, souvent employé comme nom, désignant une substance qui combat la fièvre.
Le deuxième terme désigne le moyen de traitement du signe évoqué par le premier.
5. **antigène** : substance ou agent identifié comme étranger par l'organisme, capable de déclencher une réaction immunitaire dans celui-ci ; **anticorps** : protéine (immunoglobuline) spécifique d'un antigène donné, présente le plus souvent dans le plasma, fabriquée par un organisme ayant été en contact avec l'antigène et destinée, le plus souvent, à le neutraliser.
L'antigène provoque donc la synthèse de l'anticorps destiné à le combattre.
6. **ecto/parasite** : parasite vivant à l'extérieur de l'organisme (ex. : puce, pou, tique) ; **endo/parasite** : parasite vivant à l'intérieur de l'organisme (ex. : hématozoaire, ténia).
Il s'agit de parasites, agents vivant aux dépens d'un organisme en des lieux différents.
7. **anthropozoonose** : maladie infectieuse commune aux hommes et aux animaux ; **pandémie** : maladie infectieuse qui s'étend à presque tous les pays du monde et atteint un grand nombre de sujets dans chaque région (ex. : grippe, sida). Ces deux termes ont pour seul point commun de désigner des maladies infectieuses.
8. **infection** : manifestations pathologiques dues à l'agression de l'organisme par un agent pathogène type : bactérie, virus ou champignon inférieur ; **infestation** : manifestations pathologiques dues à un parasite.
La différence porte sur l'agent responsable de la maladie.
9. **vaccination** : introduction dans l'organisme de l'antigène correspondant à l'agent pathogène en vue de faire fabriquer par le sujet des défenses immunitaires spéci-

fiques (anticorps par exemple) contre cet agent ; **sérothérapie** : injection d'anticorps spécifiques afin de protéger immédiatement le sujet malade contre l'agent pathogène ayant entraîné la maladie.
La vaccination assure une protection active, durable mais non immédiate : elle est utilisée avant que n'apparaisse la maladie ; la sérothérapie apporte une protection passive, immédiate mais transitoire ; elle est utilisée en cas de maladie déclarée.
10. **antiseptique** : adjectif, souvent employé comme nom, désignant une substance détruisant les micro-organismes et utilisée en général par voie externe ; **antifongique** : adjectif, souvent employé comme nom, désignant une substance qui combat les champignons (ici champignons microscopiques).
Ces deux substances sont des anti-infectieux.

PHYSIOPATHOLOGIE

1.1. Dans tous les cas, la chaîne de transmission d'une maladie infectieuse ou parasitaire nécessite obligatoirement au minimum un «**réservoir d'agents pathogènes**» permettant la pérennité de cet **agent pathogène vivant** qui atteint un hôte susceptible de contracter la maladie (homme ou animal). Ce dernier, dit **hôte réceptif**, peut éventuellement disséminer la maladie dans son entourage.
Dans un certain nombre de parasitoses, le cycle de l'agent pathogène nécessite son passage successivement chez plusieurs hôtes où se déroule une phase du développement du parasite ; sans cet hôte, dit **hôte intermédiaire**, l'évolution vers le stade adulte de l'agent pathogène ne peut avoir lieu. Parfois aussi, la pénétration de l'agent pathogène ne peut se faire directement, un **agent transmetteur** ou **vecteur** est nécessaire (vecteur inerte ou surtout vecteur vivant).

Réservoir de l'agent pathogène
↓ libère
Agent pathogène
↓ pénètre
Hôte réceptif (homme ou animal)
↙ ↓ ↘ dissémine
Autres hôtes

1.2. Transmission du paludisme :
• agent pathogène vivant : plasmodium (ovale, vivax, malariæ, falciparum) = hématozoaire ;
• hôte réceptif : l'homme ;
• vecteur dit aussi agent transmetteur : l'anophèle femelle dont la salive contient les parasites déversés dans le sang du sujet lors de la piqûre ;
• hôte intermédiaire : l'anophèle femelle chez laquelle a lieu le cycle sexué du parasite, les formes infestantes se localisant dans les glandes salivaires de l'insecte ;
• réservoir d'agents pathogènes : moustiques (anophèles femelles infestées) et hommes atteints de paludisme.

1.3. La connaissance de la chaîne de transmission d'une maladie infectieuse ou parasitaire permet de mettre en place des mesures collectives et/ou individuelles pour se protéger contre la maladie, voire l'éradiquer. Par exemple, on peut chercher, d'une part, à **détruire les réservoirs d'agents pathogènes et/ou les vecteurs** s'il s'agit d'insectes (ex. : moustiques…), de petits mammifères nuisibles (ex. : rats…), ou à les **traiter** pour les débarrasser des agents pathogènes s'il s'agit de mammifères non nuisibles ou d'hommes, d'autre part, à **protéger les hôtes réceptifs** en mettant en œuvre des mesures d'hygiène collective (traitement des eaux, surveillance des aliments, isolement des malades atteints d'infections très contagieuses…) ou des mesures d'hygiène individuelle (propreté, préservatifs contre les MST, moustiquaires…), ou encore en administrant une chimioprophylaxie, une séroprophylaxie et/ou surtout en procédant à la vaccination, si cela est possible.

2.1. • La sporulation est le mode de survie à l'état de vie ralentie, en cas de conditions défavorables, de certains parasites ou bactéries ; ex. : les spores des bacilles tétaniques peuvent survivre, parfois plusieurs années, dans la terre.
• La porte d'entrée est le lieu par lequel un agent pathogène pénètre dans un organisme ; ex. : plaies profondes en cas de bacilles tétaniques, intestin en cas de bacilles de la typhoïde, muqueuse de l'appareil génital en cas de MST.
• Une exotoxine est une toxine pathogène sécrétée par une bactérie vivante ; ex. : exotoxine tétanique qui remonte de la porte d'entrée jusqu'au système nerveux central par les voies nerveuses.
• Une anatoxine est une toxine qui, grâce à l'action de la chaleur et du formol, a perdu son pouvoir pathogène tout en conservant ses propriétés antigéniques (production d'anticorps spécifiques) donc utilisable, sans présenter de danger, pour vacciner ; ex. : anatoxine tétanique, anatoxine diphtérique.
• La septicémie est l'envahissement de tout l'organisme, y compris du sang, par un agent pathogène vivant ; ex. : dans le cas de la typhoïde, les bacilles, qui pénètrent par voie digestive, envahissent tout l'organisme y compris le sang, d'où la possibilité de diagnostiquer l'infection par hémoculture.
• Une endotoxine est une toxine au pouvoir toxique important, contenue dans le corps de l'agent pathogène, libérée lors de la destruction de celui-ci ; ex. : endotoxine des bacilles de la typhoïde.
• La vaccination est un mode de protection individuel consistant à faire fabriquer par le sujet lui-même des défenses immunitaires spécifiques contre un antigène déterminé ; l'immunité obtenue est dite active (elle demande quinze jours à trois semaines pour s'installer) ; elle est durable mais malgré tout elle doit souvent être stimulée (réaction anamnestique) par des rappels périodiques ; ex. : vaccination antitétanique, antipoliomyélitique…
• Un porteur sain est un sujet ne présentant pas ou ne présentant plus les signes cliniques de la maladie mais pouvant transmettre à son entourage des agents pathogènes encore présents dans son organisme ; ex. : personne ayant contracté le bacille de la typhoïde, le virus de l'hépatite B…

2.2. • Certaines vaccinations sont obligatoires en France car elles protègent contre des maladies infectieuses graves (ex. : la poliomyélite, le tétanos, la tuberculose) pouvant tuer le malade ou laisser des séquelles importantes.
• Certaines vaccinations sont obligatoires pour certains professionnels qui sont fortement exposés au risque de contamination : les professionnels de santé doivent être vaccinés contre l'hépatite B, les vétérinaires contre la fièvre de Malte (brucellose)

et contre la rage…
• D'autres vaccinations sont simplement conseillées car les maladies en cause sont moins dangereuses mais gênantes par leurs conséquences sociales (ex. : interruption de la scolarité, arrêt de travail) ou médicales (ex. : risque de complications ou de séquelles dans le cas des oreillons chez les adolescents, de la grippe chez les personnes âgées, de la rubéole chez l'embryon si la femme enceinte non immunisée est contaminée…). Une couverture vaccinale de plus de 70 % de la population évite l'apparition d'une épidémie.

3. Les principaux facteurs favorisant l'apparition des maladies infectieuses et parasitaires sont :
• les changements écologiques, démographiques et sociaux tels migration, guerre, tourisme, liberté sexuelle, hygiène insuffisante ou absente du fait de la promiscuité et de la misère ;
• l'inadaptation des systèmes de santé publique due à la négligence ou à la pauvreté (ex. : prévention insuffisante ou absente, vaccinations non pratiquées) ;
• la présence d'un agent transmetteur et des conditions climatiques particulières.

4. • Faux, la séropositivité au VIH peut apparaître sans signes cliniques, le cancer peut rester longtemps asymptomatique.
• Vrai, c'est le cas pour l'infection par le VIH, pour la toxoplasmose découverte lors de l'examen prénatal…
• Faux, la personne séropositive vis-à-vis du VIH peut transmettre la maladie.
• Vrai, l'hépatite B et l'hépatite C, dans de rares cas, sont fulminantes.
• Vrai, c'est le cas pour de nombreuses maladies infectieuses (ex. : la rubéole chez l'enfant).
• Faux, des escarres, une phlébite sont des complications possibles d'un décubitus prolongé, l'ankylose d'une articulation est une séquelle, une péricardite en cas d'infarctus du myocarde est une complication, l'angine de poitrine après cicatrisation d'un infarctus du myocarde est une séquelle.
• Vrai, telle une ankylose, la déformation d'un membre…

5. Les **antibiotiques** sont des substances **anti-infectieuses**. Ils ont plusieurs modes d'action. Certains antibiotiques inhibent la multiplication des agents pathogènes vivants, antibiotiques **bactériostatiques**, ce qui permet à l'organisme de se défendre contre l'invasion par les agents infectieux. D'autres antibiotiques, dits **bactéricides** et **bactériolytiques**, détruisent les agents pathogènes.
Le **choix d'un antibiotique** tient compte de nombreux éléments. Il est fonction du **spectre d'action** de l'antibiotique, c'est-à-dire de l'ensemble des germes qu'il est capable d'inhiber ou de détruire ; pour connaître l'efficacité *in vitro* des antibiotiques sur un agent pathogène on pratique un **antibiogramme.** Les **effets secondaires** des antibiotiques doivent aussi être pris en considération ; il peut s'agir d'**incidents mineurs** tels des nausées, une éruption cutanée, des vomissements ou d'**accidents graves**, par exemple : aplasie médullaire, hypoacousie, choc anaphylactique.

De plus, la **posologie** doit être respectée car si l'on utilise un antibiotique à doses insuffisantes ou pendant un délai trop court, les germes «s'habituent» à l'antibiotique, un certain nombre d'entre eux deviennent résistants à son action à la suite d'une **résistance acquise des germes**. Actuellement beaucoup de germes sont devenus résistants aux antibiotiques classiques.

6.1. 1. Faux, le paludisme est une maladie parasitaire.
2. Vrai, le plasmodium est un parasite qui vit dans le sang.
3. Vrai, l'anophèle femelle se nourrit de sang lors de la piqûre d'un sujet.
4. Vrai (voir corrigés de physiopathologie 1.2.).
5. Faux, il existe quatre espèces de plasmodium : les Plasmodium vivax (le plus répandu), malariæ, ovale (rare) et falciparum (le plus dangereux).
6. Vrai, lors de l'hémolyse une substance pyrogène, donc responsable d'une forte fièvre, est libérée, et l'éclatement des hématies, lorsque les schizontes sont mûrs, est bien évidemment responsable d'une anémie hémolytique.
7. Vrai, la rate est un organe hématopoïétique qui a aussi pour rôle de détruire les hématies ou leurs débris.
8. Vrai, Plasmodium falciparum peut être responsable d'accès palustres très graves avec signes neurologiques, dits accès pernicieux, entraînant souvent la mort.
9. Faux, par exemple la protection contre les moustiques ou leur suppression sont des mesures préventives, tout comme la chimioprévention (chimioprophylaxie) avec des antipaludéens.
10. Vrai, le paludisme existe dans les régions où le climat convient à l'anophèle (chaleur et humidité suffisantes).

6.2. • L'étude au microscope d'un **frottis sanguin** (et/ou d'une **goutte épaisse**), après coloration, permet de mettre en évidence les plasmodium (dans ou hors des érythrocytes), et même de reconnaître le type de plasmodium responsable du paludisme. Le prélèvement de sang est pratiqué au moment de l'accès palustre (forte fièvre).
• L'éclatement des schizontes présents dans les hématies entraîne la destruction de celles-ci. Donc, l'**hémogramme** met en évidence une anémie avec érythropénie du fait de l'hémolyse.
Ces examens sont justifiés pour le **diagnostic** et pour la **surveillance de l'évolution** de la maladie.

6.3. • La prévention collective est l'ensemble des moyens permettant de protéger à la fois la collectivité et l'individu contre une maladie infectieuse ou parasitaire.
• La prévention individuelle est l'ensemble des moyens permettant de protéger un individu déterminé contre une maladie infectieuse ou parasitaire à laquelle il peut être exposé.
Ces deux types de prévention se recoupent en partie car la prévention collective protège l'individu et inversement la protection individuelle évite l'apparition d'épidémies.
Exemple : **la prévention du paludisme.**
• La prévention individuelle est utilisée essentiellement par les personnes qui par-

tent en région d'endémie palustre ; elle consiste :
– à se protéger des piqûres de moustiques (moustiquaires, insecticides, vêtements couvrants) ;
– à employer une chimioprophylaxie par un antipaludéen de synthèse ingéré dès l'arrivée dans le pays impaludé, pendant tout le séjour et pendant deux mois après le retour en zone non impaludée.
Un vaccin est actuellement à l'essai, mais il n'est pas assez efficace.
• La prévention collective est impulsée par les organisations sanitaires. Elle comprend :
– la lutte contre les vecteurs (utilisation d'insecticides, suppression des eaux stagnantes) ;
– la lutte contre les agents pathogènes : dépistage et traitement des malades, et peut-être bientôt par une vaccination efficace.
Ces mesures sont difficiles à mettre en place dans les pays concernés, souvent pauvres.

7.1.

Acte contaminant
↓ Séropositivité
I———I——————————————I—————I ——►
↔ 3 mois Phase asymptomatique x ans ↔ y ans
Primo-infection souvent très longue Sida déclaré décès

7.2. Signes cliniques au cours de l'infection par le VIH (voir tableau p. 153).

7.3. • Un sujet contaminé par le VIH présente d'abord une antigénémie (présence dans le sang de matériel antigénique provenant du virus) puis, après un certain délai (au maximum 3 mois), des anticorps anti-VIH (anti-antigène p25) sont décelables par sérodiagnostic ; le malade est alors séropositif vis-à-vis du VIH.
• Une décroissance lente du nombre de lymphocytes CD4 dans le sang, une quantité d'anticorps anti-VIH toujours élevée et une quantité très faible d'antigènes caractérisent la phase asymptomatique.
• La décroissance rapide du nombre de lymphocytes CD4 dans le sang traduit l'évolution de l'infection : les premiers symptômes apparaissent ; simultanément l'antigénémie VIH (antigène p25) augmente progressivement indiquant l'activité virale intense dans le sang, alors que la **quantité d'anticorps anti-VIH** chute avec l'effondrement du système immunitaire, la phase C ou sida correspondant à moins de 200 lymphocytes CD4 par mm^3 de sang. (Valeurs normales de 800 à 1 200 par mm^3).

PHASES	SIGNES CLINIQUES	REMARQUES
Phase A	Peu de signes cliniques, Parfois état pseudogrippal, **adénomégalies**, éruptions fugaces.	Séroconversion en 6 à 8 semaines ; le sujet peut transmettre la maladie et ce définitivement.
	Phase asymptomatique.	Durée : 2 à 10 ans ou même indéfiniment.
Phase B	• **Adénomégalies** généralisées, souvent associées à une **splénomégalie**, • Manifestations cutanéomuqueuses intermittentes : **dermite séborrhéique**, **candidose** génitale, périanale, buccale, **gingivite**... • Manifestations inflammatoires : **polyarthrites, polymyosites, parotidite**...	Souvent, quelques mois avant la déclaration du sida, apparition : – d'une fièvre modérée, durant plus d'un 1 mois, – d'une perte de poids supérieure à 10 % du poids antérieur, – d'une diarrhée chronique, – d'une **candidose** buccale persistante.
Phase C = sida (déclaration obligatoire par le médecin)	• Tumeurs malignes : **lymphomes, sarcome de Kaposi, cancer du col de l'utérus....** • Infections graves dues à des germes opportunistes et autres – **Toxoplasmose** (souvent présence d'abcès cérébraux). – **Tuberculose** sévère, disséminée. – **Pneumopathies** graves telle la **pneumocystose.** – **Rétinite** à cytomégalovirus. – **Choriorétinite** toxoplasmique. • Manifestations neurologiques souvent très graves dues à l'atteinte du système nerveux par des germes, des parasites, des métastases tumorales et aussi par le VIH provoquant une **encéphalite**, une **myélite** et/ou des **polynévrites.**	Les affections malignes et les nombreuses infections digestives avec diarrhées sévères expliquent la **dénutrition** rapide des sidéens (syndrome cachectique).

8. • Premier cas : le sujet a été contaminé par le VIH. Il est **séropositif pour le VIH**, le restera à vie et il peut transmettre la maladie par son sperme et par son sang. Après lui avoir expliqué le sens de la séropositivité et les grandes étapes éventuelles de cette infection, il faut insister sur les risques de contamination des partenaires lors des rapports sexuels d'où la nécessité d'utiliser des préservatifs, le risque de contamination lors d'un don de sang d'où l'interdiction de don du sang bien que le sang soit contrôlé par les CTS, le risque de contamination lors d'un prêt d'une seringue qu'il aurait utilisée. Il faut aussi convaincre le sujet de se soumettre à un suivi médical régulier, d'une part, pour soutenir son moral et, d'autre part, pour effectuer périodiquement les examens cliniques et paracliniques nécessaires pour apprécier l'évolution de l'infection et appliquer le traitement.

• Deuxième cas : l'acte à risque remonte à un mois, délai un peu limite pour que des anticorps anti-VIH soient présents en quantité suffisante pour permettre un immunodiagnostic. **Il faut faire le diagnostic le plus vite possible** et pour cela pratiquer la **recherche de l'ARN viral dans le sang** en utilisant la technique d'amplification par PCR. Il est aussi possible de réaliser un autre test immunoenzymatique au troisième mois et, par mesure de sécurité, si ce test est négatif, un nouveau test au sixième mois, mais cette méthode, qui retarde beaucoup le traitement par trithérapie s'il est nécessaire, n'est pas conseillée. Tant que le résultat n'est pas connu, la personne doit se considérer comme risquant de contaminer, d'où la nécessité que son partenaire sexuel utilise des préservatifs ; une contraception est indispensable. Il faut recommander à cette femme de ne pas prêter les seringues qu'elle aurait utilisées ; elle doit aussi renoncer à donner du sang. Ce dépistage doit être l'occasion, sans dramatiser, d'informer cette personne sur l'infection par le VIH en insistant sur la prévention primaire et sur l'intérêt du dépistage.

9.1. • **Traitement symptomatique** : traitement destiné à atténuer ou à faire disparaître les symptômes gênant le malade (ex. : antipyrétique contre la fièvre, antalgique contre la douleur…).

• **Traitement étiologique** : traitement dirigé contre la cause de la maladie (ex. : anti-infectieux tels les antibiotiques contre les bactéries sensibles à ces antibiotiques).

9.2. Le traitement de l'infection par le VIH (sida) a pour but, d'une part, d'enrayer la multiplication virale, d'autre part, de combattre les effets dus à la maladie.

– Le **traitement étiologique** est le **traitement antiviral** (actuellement multithérapie) : des médicaments qui agissent en inhibant la transcriptase reverse du virus sont associés à des antiprotéases qui empêchent l'élaboration des protéines de surface du virus, le rendant non infectieux. Depuis 1996, on sait que l'administration très précoce (phase de séroconversion) de trois substances antivirales (deux inhibiteurs de la transcriptase reverse et un inhibiteur de la protéase) permet de prévenir la dissémination du virus dans l'organisme, d'où l'intérêt du diagnostic précoce, par recherche du matériel viral dans le sang d'un sujet qui a été exposé au risque de contamination.

Ces substances retardent l'évolution de l'infection mais elles engendrent de nombreux effets secondaires (troubles digestifs, hématologiques, neurologiques). De plus, certaines souches du virus ont développé une résistance vis-à-vis de ces produits.

– L'utilisation d'antibiotiques, antimycosiques, antiparasitaires permet de prévenir et/ou de traiter les maladies opportunistes, mais l'atteinte des défenses immunitaires rend ces moyens thérapeutiques souvent peu efficaces surtout au cours de la phase terminale de la maladie (sida).

– La chimiothérapie anticancéreuse et la radiothérapie sont utilisées dans le traitement des tumeurs malignes ; souvent des effets secondaires apparaissent.

– Des mesures diététiques (nutrition artificielle parfois) permettent de lutter contre la dénutrition.

– Une psychothérapie est souvent indispensable pour que le malade accepte des conditions de vie difficiles.

RAPPELS

1. Le document représente la réplication de l'ADN selon un mode semi-conservatif. Elle a lieu à la fin de l'interphase cellulaire et précède obligatoirement la mitose, afin de conserver intacte en qualité et en quantité l'information génétique de la cellule mère distribuée aux deux cellules filles.
Légendes : 1 : ADN matrice/ 2 : ADN répliqué/ 3 : brin nouveau/ 4 : brin matrice/ 5 : désoxyribose/ 6 : acide phosphorique/ 7 : bases azotées deux à deux strictement complémentaires/ 8 : nucléotides, monomères de l'ADN.

2. a) • Un **nucléotide** est une molécule organique complexe formée par la liaison covalente entre une molécule de pentose et une molécule de base azotée (on a alors un nucléoside), d'une part, et de l'acide phosphorique (on a alors un nucléoside phosphate ou nucléotide), d'autre part. Les nucléotides se différencient par :
– le pentose : ribose dans les ribonucléotides, désoxyribose dans les désoxyribonucléotides ;
– la base azotée : les principales sont l'adénine A, la guanine G, la thymine T, l'uracile U et la cytosine C ;
– le nombre des molécules d'acide phosphorique : une dans les nucléosides monophosphates, deux dans les nucléosides diphosphates et trois dans les nucléosides triphosphates (exemple ATP ou adénosine triphosphate, principale molécule réservoir d'énergie chimique dans la cellule).
• Un **acide nucléique** est une macromolécule dont les monomères sont des nucléotides (nucléosides monophosphates) : une fonction alcool du pentose d'un nucléotide réagit avec une fonction acide de l'acide phosphorique du nucléotide suivant pour former une liaison ester, avec élimination d'une molécule d'eau. Les bases azotées ne sont pas engagées dans les liaisons covalentes entre les nucléotides. Il existe deux sortes d'acides nucléiques : ARN et ADN.

b) • Une molécule d'**acide ribonucléique** ou **ARN** est formée d'un seul brin (elle est monocaténaire), enchaînement de ribonucléotides porteurs chacun d'une des quatre bases azotées A, U, G et C.
• Une molécule d'**acide désoxyribonucléique** ou **ADN** est formée de deux brins (elle est bicaténaire), enchaînement de désoxyribonucléotides porteurs chacun d'une des quatre bases azotées A, T, G, et C. Ces deux brins sont complémentaires grâce à des appariements stables (différents d'une liaison covalente) et spécifiques entre les bases azotées de chaque brin : A sur un brin est complémentaire de T sur l'autre brin et G sur un brin est complémentaire de C sur l'autre brin.
L'ARN est synthétisé par transcription d'un brin de l'ADN avec complémentarité des bases, U prenant la place de T.

c) • Un **acide aminé** est une molécule organique dont un atome de carbone est lié à un groupement fonction acide organique – COOH, à un groupement fonction amine le plus souvent primaire – NH2, à un atome d'hydrogène et à un radical R ;

il existe une vingtaine d'acides aminés courants qui diffèrent par la formule chimique de leur radical.

Formule générale d'un acide aminé

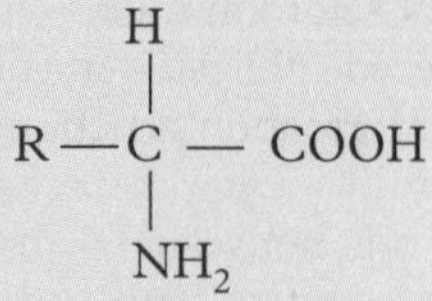

Liaison peptidique

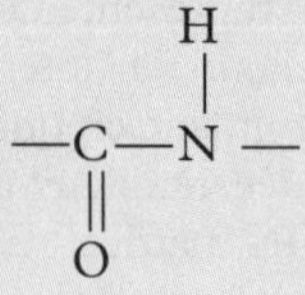

• Une **protéine** est une macromolécule dont les monomères sont des acides aminés : la fonction acide de l'un réagit avec la fonction amine du suivant pour former une liaison peptidique avec élimination d'une molécule d'eau. On parle de protéines pour une chaîne d'au moins environ 100 acides aminés ; les chaînes plus courtes sont appelées peptides.

d) Les molécules d'ADN du noyau, enroulées autour de protéines spécifiques, forment des nucléofilaments.
• La **chromatine** est l'état des nucléofilaments associés à des protéines et des ARN, au cours de l'interphase ; dans le noyau, elle forme un réseau et se répartit en amas.
• Une **chromatide** résulte de la réplication semi-conservative de l'ADN des nucléofilaments à la fin de l'interphase précédant la mitose : chaque nucléofilament donne deux chromatides.
• Un **chromosome** résulte de la spiralisation des chromatides au cours de la prophase de la mitose : chaque chromatide devient identifiable. Au cours du déroulement de la mitose, on distingue :
– les **chromosomes métaphasiques** à deux chromatides liées par leur centromère, chromosomes à quatre bras observés lors de l'établissement d'un caryotype ;
– les **chromosomes anaphasiques** à une chromatide, chromosomes à deux bras, résultant de la séparation des centromères qui précède la répartition des chromatides entre les deux cellules filles.
Ces trois termes concernent donc des états différents d'un même matériel : les nucléofilaments contenant les vingt-trois paires de molécules d'ADN porteuses de l'information génétique de l'individu.

e) • La **mitose** est le phénomène au cours duquel une cellule mère donne naissance à deux cellules filles. Elle assure la répartition égale, en quantité et en qualité, de l'information génétique cellulaire préalablement recopiée au cours de la réplication de l'ADN qui précède toute mitose. Elle permet le partage, en général équitable, du contenu cytoplasmique de la cellule mère entre les deux cellules filles.
• La **méiose** est le phénomène au cours duquel une cellule mère diploïde (2n chromosomes) de la lignée germinale (type -cyte I) donne naissance, après une seule réplication de l'ADN et succession de deux divisions, à quatre cellules haploïdes (n chromosomes type -tide) qui se différencient ensuite en gamètes.

3. • Appareil génital féminin : 1 ovaire : ovari(o)/ 2 trompe : salping(o)/ 3 : utérus : hystér(o), métr(o)/ 4 : col de l'utérus : cervic(o)/ 5 : vagin : colp(o), vagin(o).
• Appareil génital masculin : 1 testicule : orchi, orchid(o)/ 2 prostate : prostat(o).

BIOLOGIE

1.1. • Système ABO : l'enfant II-2 est du groupe O, alors que les parents sont l'un du groupe A, l'autre du groupe B : son phénotype, différent des phénotypes parentaux, est donc sous la dépendance d'un allèle récessif qui ne s'exprime qu'à l'état homozygote c'est-à-dire lorsque les deux chromosomes de la paire portant le gène possèdent cet allèle.
L'enfant II-5 est du groupe AB ; son phénotype montre que les deux allèles A et B sont codominants. Ils s'expriment l'un et l'autre à l'état hétérozygote, c'est-à-dire même s'ils ne sont présents que sur l'un des chromosomes de la paire portant le gène.
• Système Rhésus : les enfants II-1 et II-4 sont Rh-, alors que les parents sont tous les deux Rh+ : leur phénotype, différent du phénotype parental, est donc sous la dépendance de l'allèle récessif noté d. L'allèle qui détermine l'appartenance au groupe Rh+ est dominant et noté D ; c'est donc cet allèle D qui est responsable de la synthèse du marqueur de surface Rhésus situé dans la membrane des hématies.
La naissance d'enfants homozygotes pour chacun des allèles récessifs O et d indique que les parents sont hétérozygotes ; leur génotype est A/O et D/d pour la mère, B/O et D/d pour le père.
On peut donner le génotype complet de deux enfants : II-1 est B/O et d/d ; II-4 est A/O et d/d. Pour les autres enfants, on ne peut donner avec certitude que le génotype pour le système ABO : II-2 est O/O, II-3 est B/O, II-5 est A/B. Leur phénotype Rh+ ne permet pas de préciser s'ils sont homozygotes D/D ou hétérozygotes D/d.

1.2. **a.** L'étude porte sur un cas de dihybridisme (deux gènes) autosomique (les chromosomes concernés ne sont pas les chromosomes sexuels) avec gènes indépendants (portés par des autosomes différents). Il y a hérédité dominante des caractères A, B et Rh+ ; il y a hérédité récessive des caractères O et Rh-.
b. Au cours de la gamétogénèse, lors (de la première division) de la méiose, la séparation des chromosomes homologues se fait de façon aléatoire : c'est le brassage interchromosomique qui conduit à des combinaisons alléliques différentes.
Lors de la fécondation qui donne naissance à la cellule œuf à l'origine du futur individu, la rencontre des gamètes, également aléatoire, donne lieu à des combinaisons différentes. Ces deux phénomènes, méiose et fécondation, contribuent donc à créer la diversité génétique observée chez les enfants.
c. L'étude des différents phénotypes possibles se fait à partir du tableau de croisements des différents gamètes parentaux : chaque parent peut fabriquer 4 gamètes différents ; il y a donc 16 cas de fécondation possibles, conformément aux lois établies par Mendel.

Père \ Mère		A, D	A, d	0, D	0, d
B, D	génotype phénotype	A/B, D/D AB Rh+	A/B, d/D AB Rh+	0/B, D/D B Rh+	0/B, d/D B Rh+
B, d	génotype phénotype	A/B, D/d AB Rh+	A/B, d/d AB Rh-	0/B, D/d B Rh+	0/B, d/d B Rh-
0, D	génotype phénotype	A/0, D/D A Rh+	A/0, d/D A Rh+	0/0, D/D 0 Rh+	0/0, d/D 0 Rh+
0, d	génotype phénotype	A/0, D/d A Rh+	A/0, d/d A Rh-	0/0, D/d 0 Rh+	0/0, d/d 0 Rh-

On a donc, pour la descendance, les probabilités de phénotypes suivantes : 3/16 AB +, 3/16 B +, 3/16 A +, 3/16 O +, 1/16 A -, 1/16 B -, 1/16 AB - et 1/16 O -.

2.1. La maladie apparaît chez des enfants dont les parents ne présentent pas la maladie ; l'allèle responsable est donc récessif. La maladie ne touche que des garçons ; l'allèle est donc situé sur un chromosome sexuel (ou gonosome ou hétérosome). Un père sain peut avoir un fils (auquel il a transmis le chromosome Y) malade ; l'allèle n'est donc pas sur le chromosome Y mais sur le chromosome X.
Conclusion : l'hémophilie est une maladie génétique à transmission récessive liée au sexe. Le gène atteint est localisé sur la partie du chromosome X qui n'a pas d'équivalent sur le chromosome Y. Les garçons atteints de cette famille ont hérité de l'allèle récessif de leur mère conductrice, ne présentant pas la maladie, donc hétérozygote pour ce gène.

2.2. L'allèle qui détermine le daltonisme est récessif et porté par le gonosome X (noté ici Xda). Une fille daltonienne possède donc cet allèle à l'état homozygote, Xda Xda, c'est-à-dire qu'elle l'a reçu de son père qui est Xda Y, donc daltonien lui-même et de sa mère qui a en général une vision normale des couleurs mais qui est vectrice de l'anomalie, donc hétérozygote X Xda.

2.3. L'absence de filles hémophiles s'explique si on fait l'hypothèse que l'allèle qui détermine l'hémophilie est létal à l'état homozygote ; les embryons féminins hémophiles ne sont donc pas viables.

3.1. La structure du fragment de gène est :

ATG GTG CAC CTG ACT CCT GAG GAG AAG TCT GCC…	brin non transcrit donné
TAC CAC GTG GAC TGA GGA CTC CTC TTC AGA CGG…	brin transcrit déduit.

La séquence peut être reconstituée en sachant que :
– le support moléculaire du gène est l'ADN (Acide DésoxyriboNucléique) ;
– l'ADN est une molécule bicaténaire (à deux brins) dans laquelle chaque brin est une chaîne de désoxyribonucléotides ;
– il existe quatre désoxyribonucléotides différents portant chacun l'une des quatre bases azotées suivantes : Adénine, Thymine, Guanine et Cytosine ;
– les deux brins de l'ADN sont complémentaires l'un de l'autre et la règle stricte de complémentarité des bases : A:::T et G:::C impose en face de chaque nucléotide d'un brin, la présence d'un nucléotide complémentaire sur l'autre brin.

Chaque lettre de la séquence donnée représente donc un désoxyribonucléotide complet désigné ici par sa base azotée : A est utilisée pour représenter les désoxyribonucléotides à Adénine, T pour les désoxyribonucléotides à Thymine, G pour les désoxyribonucléotides à Guanine et C pour les désoxyribonucléotides à Cytosine.

3.2. • La transcription est la synthèse d'ARN (Acide RiboNucléique) à partir d'une séquence d'ADN ou gène qui sert de modèle (matrice). L'expression « brin non transcrit » de l'énoncé 3. indique qu'un seul des brins de l'ADN du gène sert de support à la transcription.
• Dans le cas du fragment de gène étudié, le résultat de la transcription est l'ARN suivant : **AUG GUG CAC CUG ACU CCU GAG GAG AAG UCU GCC**…
Cette séquence d'ARN est obtenue en sachant que :
– l'ARN formé est une molécule monocaténaire à un brin ;
– la transcription utilise la règle de complémentarité des bases ;
– les nucléotides qui viennent se placer en face des désoxyribonucléotides du brin transcrit de l'ADN contiennent du ribose à la place du désoxyribose et de l'Uracile, base azotée complémentaire de l'Adénine, à la place de la Thymine ;
– ces ribonucléotides sont désignés par la base qu'ils portent.
La séquence de l'ARN est donc une molécule monocaténaire, complémentaire du brin transcrit de l'ADN donc comparable à celle du brin non transcrit.
La séquence d'ADN du gène étudié code pour la synthèse d'une protéine, la globine β, l'ARN obtenu par transcription est alors appelé ARN messager (ARNm) et il est, dans la cellule :
– le porteur de l'information du gène localisé sur l'ADN du noyau ;
– un intermédiaire indispensable pour la synthèse de la protéine β, traduit dans le cytoplasme.

3.3. Les mécanismes de l'expression génétique permettent à une cellule de synthétiser les **protéines** nécessaires à son métabolisme à partir de l'**information génétique** contenue dans l'**ADN** de son **noyau**. Les **gènes** exprimés varient d'une cellule à l'autre : c'est la **différenciation cellulaire**. Cette expression exige deux étapes successives : transcription et traduction.
– La **transcription** de l'ADN du gène codant pour la protéine en **ARN messager** (ARNm) étudiée à la question précédente se fait dans le **noyau**.
– La **traduction** de cet ARNm (molécule à quatre **nucléotides** différents) en pro-

téine (molécule constituée de vingt **acides aminés** différents) se fait dans le **cytoplasme.** La traduction est possible grâce à l'utilisation du **code génétique** qui établit la correspondance entre chaque **codon** (groupe de trois nucléotides de l'ARNm identifié par ses trois bases) et chacun des acides aminés.

Les intermédiaires indispensables à cette traduction sont :

• les **ARN de transfert** (ARNt) : ils reconnaissent chacun sélectivement l'un des vingt acides aminés constitutifs des protéines et ils assurent la mise en place de l'acide aminé qu'ils transportent en face du codon qui lui correspond sur l'ARNm, grâce à leur **anticodon**, groupe de trois nucléotides porteurs des trois bases complémentaires des bases du codon ; les ARNt sont transcrits à partir de gènes de l'ADN, mais ne sont pas traduits ;

• les **ribosomes** : ils assurent la lecture ordonnée, du codon **initiation** au codon **terminaison**, des codons de l'ARNm par les anticodons des ARNt et ils créent les **liaisons peptidiques** entre les acides aminés correctement mis en place. Les ribosomes contiennent des protéines ribosomales et des ARN ribosomaux (ARNr) transcrits à partir de gènes de l'ADN mais non traduits.

3.4. Après traduction, selon les correspondances établies par le code génétique et après élimination du premier acide aminé (Méthionine) codé par le gène, la séquence peptidique est : Valine-Histidine-Leucine-Thréonine-Proline-Acide glutamique-Acide glutamique-Lysine-Sérine-Alanine…

3.5. La présence, en 6e position dans la molécule de globine terminée, de valine à la place d'acide glutamique s'explique par le remplacement, sur l'ARNm, du codon GAG par un codon correspondant à la valine c'est-à-dire soit GUU, soit GUC, soit GUA, soit GUG. L'hypothèse la plus vraisemblable est qu'il n'y a eu qu'une modification, donc remplacement de la base A du codon GAG de l'ARNm par la base U conduisant au codon GUG.

Toutes les cellules précurseurs des hématies fabriquent une globine β anormale, donc ce changement de l'ARNm n'est pas une erreur de transcription mais correspond à un changement de la séquence de l'ADN du gène codant pour cette protéine : le nucléotide à base T de la séquence CTC du brin transcrit a été remplacé par un nucléotide à base A (séquence CAC) et, par complémentarité, le nucléotide porteur de A de la séquence GAG, sur le brin non transcrit, a été remplacé par un nucléotide porteur de T (séquence GTG) ; sur l'ADN, le couple initial A:::T a donc été remplacé par un couple T:::A.

Ces modifications sont regroupées dans le tableau ci-dessous :

	Sujet normal	Sujet atteint de drépanocytose
ADN brin non transcrit brin transcrit	...GAG... ...CTC...	...GTG... ...CAC...
ARNm (après transcription)	...GAG...	...GUG...
Acide aminé (après traduction)	acide glutamique	valine

Toute modification de l'ADN est appelée **mutation** ; le changement ne concernant qu'une paire de bases sur la molécule d'ADN, c'est une mutation **ponctuelle.**

4. **a.** La mutation ponctuelle par perte du couple de bases C:::G en 10e position de l'ADN du gène s'appelle une **délétion**. Elle introduit un décalage dans le groupement des bases des nucléotides en codon lors de la traduction des ARNm transcrits à partir de l'ADN délété : c'est une **mutation décalante**. Dans ce cas précis, le décalage transforme la suite de codons AUG GUG CAC CUG ACU CCU... initiale en AUG GUG CAC UGA CUC... ; or le codon UGA est un codon stop (non sens ou terminaison) dont la présence dans un ARNm indique que la chaîne protéique en cours de synthèse est terminée. À la suite d'une telle mutation, la protéine fabriquée ne comporterait donc que deux acides aminés (Valine, Histidine) au lieu du nombre prévu.

b. La mutation ponctuelle envisagée dans le cas du sujet dont la protéine est normale concerne le remplacement dans l'ADN d'un couple de bases G:::C par un couple A:::T, ce qui donne, après transcription en ARNm, un codon GUA à la place du codon prévu GUG. D'après le code génétique, ces deux codons codent pour le même acide aminé, la valine ; cette mutation ponctuelle est donc sans conséquence sur la structure de la protéine : on parle de dégénérescence du code génétique qui explique que cette mutation soit silencieuse.

5. **a.** L'ARNm marqué est apparié au brin transcrit de l'ADN du gène du facteur VIII de la coagulation, il est donc complémentaire de ce brin d'ADN et résulte de sa transcription.

La présence, lors de l'appariement, de boucles non marquées par la radioactivité met en évidence que l'ARNm correspondant au facteur VIII est plus court que l'ADN du gène codant pour cette protéine, ce qui explique que la protéine obtenue à partir de ce gène soit plus courte que prévu. Il existe donc, dans le gène codant pour le facteur VIII (comme dans d'autres gènes), dcs séquences de l'ADN qui ne sont pas transcrites (donc non codantes) intercalées entre les séquences codantes. Les **gènes** des cellules eucaryotes peuvent donc être **morcelés**.

b. Des mutations sur les fragments non codant des gènes morcelés, ponctuelles ou plus étendues, par changement, délétion (perte) ou addition de nucléotides, sont à priori sans conséquence sur la séquence de la protéine synthétisée.

c. Pour observer la transcription du gène du facteur VIII, il faut travailler sur les cellules dans lesquelles ce gène s'exprime, c'est-à-dire les hépatocytes, responsables dans l'organisme de la synthèse de ce facteur de la coagulation. (Ce gène est présent dans les autres cellules mais le blocage de son expression est le résultat de la différenciation cellulaire.)

6.1. Sur le caryotype du père, on observe d'une part ,que l'un des chromosomes de la paire 21 est absent, d'autre part, que l'un des chromosomes de la paire 15 présente une partie supplémentaire ; en fait, il y a eu transfert et fixation d'un chromosome 21 sur un chromosome 15 : c'est une translocation. Cependant, la quantité et la qualité de l'information génétique cellulaire n'est pas modifiée ; le père, bien que porteur d'une répartition chromosomique anormale, ne présente pas les signes de la maladie : on parle de **translocation équilibrée**.

6.2. Le caryotype de l'enfant montre qu'il a reçu, lors de la fécondation, un chromosome 21 de chacun de ses parents (la paire est complète) et le chromosome 15 paternel porteur de la translocation. Les cellules de cet enfant disposent donc toutes de l'information génétique portée par le chromosome 21 en trois exemplaires : le syndrome de Down est pour cela aussi appelé **trisomie 21** (ou mongolisme). Ce type d'anomalie du caryotype avec translocation est donc congénitale puisque l'enfant naît avec, et héréditaire puisqu'elle peut se transmettre d'une génération à la suivante.

6.3. La cause la plus répandue de trisomie 21 est une aberration du caryotype avec présence de trois chromosomes 21 libres dont deux sont transmis par un gamète parental anormal. Au cours de la méïose, lors de la gamétogénèse chez l'un des parents, les chromosomes de la paire 21 ne se dissocient pas et migrent ensemble, ce qui donne naissance à un gamète à 23 + 1 chromosomes ; lorsque ce gamète sert à la fécondation, l'enfant est atteint de mongolisme.
Le risque qu'un tel gamète participe à la fécondation est plus grand chez la femme (un seul ovule produit par cycle en face des millions de spermatozoïdes susceptibles de le féconder) ; de plus, le risque de produire de tels gamètes augmente avec l'âge de la mère car les mécanismes de la méïose perdent de leur fiabilité avec le vieillissement des ovocytes qui sont présents dans les ovaires de la mère depuis sa naissance.

7. L'étude du tableau montre que, pour les différents mammifères étudiés, il peut n'y avoir que 4 acides aminés sur 51 qui varient : c'est un exemple de la parenté moléculaire qui existe entre différentes espèces du monde vivant.
Les différences entre l'homme, le cachalot, le chien et le porc ne portent que sur l'acide aminé B 30 ; il n'y a donc qu'une modification à faire subir à la molécule d'insuline purifiée à partir de l'un de ces trois animaux, avant de l'utiliser dans le traitement du diabète pancréatique humain. Le choix s'est porté sur le porc car son élevage à des fins alimentaires permet de disposer facilement de grandes quantités d'hormone, ce qui n'est le cas ni pour le chien, ni pour le cachalot !

8.1. • Des protéines de l'enveloppe virale sont responsables de la **reconnaissance** des récepteurs membranaires des lymphocytes T4 que le virus infecte spécifiquement, de la **fixation** du virus sur ces cellules et de la **fusion** de son enveloppe avec la membrane cytoplasmique cellulaire. Le contenu de la nucléocapside virale pénètre alors dans le cytoplasme cellulaire.
• La transcriptase reverse, (enzyme spécifique du virus présente dans la nucléocapside avec l'ARN), effectue la **rétrotranscription** de l'ARN viral en ADN dit proviral.
• Une enzyme réalise l'**intégration** de l'ADN proviral ou provirus dans le génome de la cellule infectée. Le provirus peut demeurer parfois très longtemps à l'état latent (ses gènes ne s'expriment pas) : c'est le cas chez des sujets séropositifs dont le nombre des lymphocytes reste normal (phase asymptomatique de l'infection).
• Lorsque l'**expression** des gènes proviraux se fait, il y a synthèse et assemblage des constituants (ARN et protéines) pour produire de nouveaux virus qui sont expul-

sés par **bourgeonnement** de la membrane de la cellule infectée qui finit par mourir. Ces virus contaminent l'espace vasculaire et infectent de nouvelles cellules. Les virus ne s'exprimant qu'en détournant à leur profit le métabolisme de la cellule qu'ils infectent, ce sont des parasites intracellulaires obligatoires.

8.2. L'enfant naît avec l'infection ; celle-ci n'est pas liée à une anomalie de l'ADN des gamètes parentaux mais au passage transplacentaire du virus : il s'agit donc d'une maladie congénitale non héréditaire (ou non génétique) qui nécessite un traitement immédiat.

TERMINOLOGIE

1. • processus tumoral = développement d'une tumeur (prolifération anormale de cellules appelée néoformation) bénigne ou maligne sur un tissu ou un organe ;
• onco/logie = partie de la médecine consacrée à l'étude des tumeurs et à leurs traitements ;
• cancéri/gène = (adjectif) qui peut provoquer un cancer ou tumeur maligne ;
• cervic/ite = inflammation du col de l'utérus ;
• adén/ome = tumeur bénigne d'une glande ;
• hystéro/pexie = fixation chirurgicale de l'utérus (en cas de ptose ou prolapsus utérin) ;
• salping/ectomie = ablation chirurgicale d'une trompe utérine ;
• orch/ite = inflammation d'un testicule ;
• dys/tocie = accouchement difficile ;
• amnio/centèse = ponction de liquide amniotique.

2. 1. cyto/lytique, 2. sarc/ome, 3. ovari/ectomie, 4. salping/ite, 5. anti/-émétique, 6. rétino/blast/ome, 7. adéno/mégalie, 8. sténose œsophagienne, 9. palliatif, 10. gastr/ectomie.

3. A et 4, (8) : toute tumeur nécessite une biopsie en vue d'un examen anatomopathologique permettant de déterminer la nature bénigne ou maligne de la tumeur (8 si tumeur du sein).
B et 4, 7 : le condylome est une lésion bénigne du col de l'utérus, d'origine infectieuse et sexuellement transmissible, considérée comme une lésion précancéreuse donc nécessitant un dépistage et un traitement systématiques ; le diagnostic de cancer nécessite une biopsie.
C et 5 : l'hémoptysie est l'un des signes d'alarme du cancer primitif des bronches.
D et 1, 3, 6 : la greffe de mœlle osseuse (autogreffe ou allogreffe) est un traitement possible de la leucémie dont le diagnostic est porté sur les résultats de l'hémogramme et de l'étude anatomopathologique de la moelle osseuse ou myélogramme .
E et 6, (3) : l'hémogramme révèle l'anémie microcytaire ; selon l'importance de celle-ci et le contexte, un myélogramme peut être nécessaire.
F et 8 : la mammographie est utilisée pour le diagnostic des tumeurs du sein.
G et 2 : la scintigraphie osseuse est l'examen paraclinique permettant de découvrir les métastases osseuses d'un cancer ostéophile.

4. • gynéco/logue : médecin spécialisé dans l'étude de l'appareil génital féminin, ses maladies et leurs traitements ;
• métro/rragies : hémorragies utérines survenant en dehors de la période des règles (sans qu'il s'agisse de cycles menstruels courts) ;
• a/sthénie : fatigue plus ou moins intense ;
• an/orexie : perte de l'appétit ;
• dys/urie : mictions (émissions d'urines) difficiles et douloureuses ;
• multi/pare : (adjectif) qui a accouché plusieurs fois ;
• tumor/ectomie : ablation chirurgicale d'une tumeur ;
• radio/thérapie : traitement par les rayons X, gamma, faisceaux de neutrons… ;
• mammo/graphie : radiographie des seins ;
• marqueurs tumoraux plasmatiques : substances qui, présentes dans le plasma en quantité anormalement élevée, révèlent le développement d'une tumeur et surtout une récidive d'un cancer après traitement ;
• colpo/scopie : examen du col de l'utérus au moyen d'une loupe binoculaire ;
• dys/plasiques : adjectif relatif à une anomalie de développement des cellules d'un tissu ;
• bio/psies : prélèvements, sur un sujet vivant, de tissu ou de fragment d'organe afin de procéder à une étude anatomopathologique ;
• érythro/pénie modérée : diminution peu importante du nombre d'hématies dans le sang ;
• neutro/philie : augmentation du nombre de polynucléaires (granulocytes) neutrophiles dans le sang.

5. Il s'agit du traitement chirugical d'une tumeur de l'utérus.
Dans un premier temps l'incision de la paroi abdominale ou laparo/tomie est pratiquée ; elle permet d'atteindre l'utérus qui est à son tour incisé, l'hystéro/tomie étant nécessaire pour atteindre la tumeur ; après l'ablation de cette dernière ou tumor/ectomie le chirurgien effectue une hystéro/rraphie puis la suture des plans musculaires et cutanés.

PHYSIOPATHOLOGIE

1.1.

SIGNES SUBJECTIFS	SIGNES OBJECTIFS	EXAMENS PARACLINIQUES	SIGNES PARACLINIQUES
- asthénie - anorexie - dysurie	- métrorragies - col bourgeonnant, avec zones dysplasiques - pression artérielle - pouls (rythme cardiaque) - amaigrissement	- mammographie - marqueurs tumoraux plasmatiques - colposcopie - biopsies en vue de l'étude anatomopathologique - hémogramme - vitesse de sédimentation globulaire (VSG) - échotomographie abdominale - fibrohystéroscopie	- légère diminution de l'hémoglobine (anémie modérée) - érythropénie - hyperleucocytose - neutrophilie - hypoplaquettose

1.2. Les examens demandés et à effectuer dans les huit jours sont une échotomographie abdominale et une fibrohystéroscopie.

• **L'échotomographie abdominale.**
– Principe : examen paraclinique, fondé sur l'utilisation d'ultrasons qui renvoient des échos lorsqu'ils rencontrent un obstacle.
Il faut disposer d'une sonde émettrice d'ultrasons, d'un capteur d'échos, d'un ordinateur qui reconstruit l'image et d'un écran. Ici l'échographie est obtenue en déplaçant sur l'abdomen du sujet, après étalement d'un gel, la sonde dans deux dimensions, ce qui permet l'obtention d'images de coupes ; il est actuellement possible de réaliser des échotomographies tridimensionnelles.
– But : cet examen, qui permet de déceler des anomalies (tumeurs, kystes, calculs) au niveau des tissus, des organes abdominaux (foie, pancréas, vésicule biliaire, ganglions lymphatiques) et d'apprécier le contenu des cavités, est employé ici pour rechercher l'extension éventuelle d'un cancer du col de l'utérus aux organes abdominaux.
– Avantages et inconvénients : c'est un examen facile à exécuter, non invasif, non douloureux, sans danger, ne nécessitant pas de préparation donc pouvant être effectué en urgence, peu onéreux. Il ne présente aucun inconvénient mais l'interprétation des images doit être faite par un spécialiste.

• **La fibrohystéroscopie**.
– Principe : utilisation d'un appareil souple (fibroscope), muni d'un système optique et d'un système lumineux à lumière froide pour explorer l'intérieur de l'utérus et pratiquer si nécessaire des biopsies sous contrôle de la vue, pour examen anatomopathologique. Le fibroscope est introduit par voie vaginale, la malade étant anesthésiée.
– But : recherche de l'extension de la tumeur du col de l'utérus à l'utérus, avec possibilité de biopsies des lésions éventuelles.
– Avantages : examen facile à exécuter, pouvant être répété, permettant des biopsies sous contrôle de la vue,
– Inconvénients : examen invasif, nécessitant une anesthésie régionale ou générale de courte durée.

1.3. Une **consultation** au cabinet médical ou au lit du malade correspond à un examen clinique qui comporte **deux temps** :
• l'**interrogatoire**, temps le plus important, permettant au médecin de se renseigner sur l'histoire de la maladie (anamnèse) et sur les antécédents personnels et familiaux du sujet examiné ;
• l'**examen des différents appareils et organes** en ayant recours à l'inspection, à la palpation, à la percussion et à l'auscultation.
Cette étude clinique permet de savoir si le sujet est malade ou non et, s'il est malade, de déterminer la nature de l'affection et/ou d'orienter la prescription d'examens complémentaires puis d'appliquer le traitement adéquat.

1.4. • **Les antécédents personnels** sont tout ce qui concerne la santé du sujet depuis sa naissance jusqu'au jour de l'examen : mode de naissance, poids à la naissance, maladies et interventions chirurgicales, mode de vie, antécédents gynécologiques (règles, grossesses, accouchements), mode d'alimentation, activité professionnelle, type de loisirs, tabagisme, alcoolisme, autres drogues…
• **Les antécédents familiaux** sont les problèmes pathologiques (maladies touchant plusieurs générations comme le diabète, l'HTA, l'athérosclérose, l'hyperlipidémie, les maladies héréditaires…) rencontrés dans la famille (géniteurs, ascendants, collatéraux – frères, sœurs, cousins – et aussi chez le conjoint et les descendants éventuels).

• Deux exemples (au choix) :
– antécédents personnels : cervicites récidivantes, quatre grossesses dont les deux premières assez rapprochées et à un âge très jeune, tabagisme ;
– antécédents familiaux : grand-mère décédée suite à un cancer du sein à 60 ans, mère hystérectomisée à 50 ans.

2.1. Caractères distinctifs des tumeurs.

Caractères	Tumeurs bénignes	Tumeurs malignes
Développement	Vitesse de croissance faible, en général.	Vitesse de croissance élevée et ce d'autant plus que les cellules sont moins différenciées. Accroissement théoriquement illimité car il n'existe plus de régulation des mitoses.
Extension	Extension locale, sans envahissement des tissus voisins.	Envahissement des tissus voisins. Extension locale, régionale et souvent à distance par voie sanguine ou lymphatique (**métastases et micrométastases**).
Vascularisation	Tumeur plus ou moins vascularisée.	Tumeur, le plus souvent, très vascularisée, saignant facilement.
Retentissement sur l'état général	- Le plus souvent, pas de retentissement sur l'état général. - Selon la localisation, possibilité de compression d'organes voisins. - Pour certaines d'entre elles, risque de transformation maligne (dégénérescence maligne).	- État général plus ou moins atteint, selon l'évolution. À long terme, le pronostic vital est en jeu. - Complications dues à l'envahissement par la tumeur primitive et par les métastases.
Aspect macroscopique	Tumeur régulière, bien délimitée, souvent encapsulée.	Tumeur irrégulière, bosselée.

…

Caractères	Tumeurs bénignes	Tumeurs malignes
Aspect microscopique = étude cytologique	Cellules bien différenciées dont les caractéristiques sont normales, proches de celles du tissu sur lequel la tumeur s'est développée.	Cellules mal différenciées ou indifférenciées dont les caractéristiques sont anormales sur les plans - cytologique : anomalies nucléaires (des noyaux), mitoses nombreuses... - biochimique : anomalies enzymatiques ; - immunologique : production d'**antigènes tumoraux** ou **marqueurs tumoraux.** Le tissu néoformé ne ressemble pas au tissu de l'organe sur lequel la tumeur se développe.
Évolution à long terme, après traitement	Pronostic excellent ; en général pas de récidive après traitement.	Pronostic réservé et risque de récidives, d'où surveillance clinique et paraclinique nécessaire.

2.2. **Lésion précancéreuse** : il s'agit de lésions variées (dysplasies au niveau de la peau ou d'une muqueuse, ou encore de certaines tumeurs bénignes comme les polypes) qui peuvent conduire, en quelques années, à une tumeur maligne. Aussi, toute lésion précancéreuse doit être traitée le plus tôt possible pour éviter sa transformation en cancer.

Tumeur bénigne	Processus tumoral malin	Lésion précancéreuse
lipome fibrome utérin adénome de l'hypophyse	ostéosarcome néphroblastome adénocarcinome leucémie	condylome polype du côlon

3.1. Suite à la découverte d'une tumeur du sein à la palpation, le médecin prescrit des examens d'imagerie diagnostique, **mammographie** et **échotomographie** du sein, pour confirmer la présence de la tumeur et en préciser les contours, la consistance, le contenu…

Les images suspectes ont conduit à réaliser des **prélèvements biopsiques de la tumeur** en vue d'**examens anatomopathologiques**, seuls examens permettant d'affirmer si la tumeur est bénigne ou maligne.

Ici la tumeur étant maligne, un bilan d'extension a été indispensable pour choisir le meilleur traitement ; une **radiographie thoracique**, une **scintigraphie osseuse** et une **échographie hépatique** ont permis la recherche d'éventuelles métastases pulmonaires, osseuses, hépatiques.

Le risque de récidive du cancer, même après traitement, justifie la réalisation d'examens pour surveiller l'évolution de la maladie. Le **dosage des marqueurs tumoraux plasmatiques** (ici, les marqueurs : ACE, CA 125…) est un bon indicateur de rémission ou de récidive du processus tumoral malin.

3.2. **Examens paracliniques** :

• confirmant le **diagnostic de tumeur** : colposcopie ;

• révélant la **malignité** : examen anatomopathologique de biopsies cervicales pratiquées après test de Schiller ou autres ;

• précisant l'**extension** du cancer et ainsi permettant de choisir le traitement le plus adapté : fibrohystéroscopie, échotomographie abdominale, radiographie thoracique ;

• permettant de surveiller l'**évolution** après traitement : dosage des marqueurs tumoraux plasmatiques spécifiques et examens d'imagerie diagnostique périodiques ;

• permettant d'apprécier l'**état général** du malade : bilan biologique, hémogramme, VSG...

4.1. Les **oncogènes** sont des gènes normaux qui fabriquent les oncoprotéines destinées à assurer des actions sur la croissance cellulaire de cellules ou tissus spécifiques, pendant un laps de temps court (ex. : cicatrisation). Ils sont contrôlés par des gènes particuliers, les **proto-oncogènes**. Dans certains cas, les oncogènes participent à la transformation d'une cellule saine en cellule maligne, par exemple lorsque leur ADN est modifié ou quand leur expression est augmentée, ce qui leur permet d'échapper au contrôle de l'organisme : ils restent alors indéfiniment activés.

Les **anti-oncogènes** ou **gènes suppresseurs** inhibent la division cellulaire donc ils s'opposent à l'action des oncogènes. Ils sont capables ainsi d'éviter la prolifération anormale d'une lignée cellulaire qui conduirait à une tumeur ; si leur efficacité est insuffisante, du fait de mutations plus ou moins importantes ou s'ils sont absents, une tumeur apparaît. Elle est soit bénigne, soit maligne en fonction des mutations successives ayant altéré l'ADN de la cellule.

4.2. Les facteurs carcinogènes sont les facteurs qui peuvent favoriser le développement de tumeurs malignes.

• Les facteurs carcinogènes exogènes sont ceux apportés par l'environnement : agents chimiques, agents physiques, agents infectieux, facteurs nutritionnels.

• Les facteurs carcinogènes endogènes sont ceux présents dans l'organisme du sujet, expliquant la prédisposition de certaines populations au processus tumoral : facteurs génétiques (ex. : cancers génitaux, rétinoblastome, certains cancers rectocoliques...), facteurs endocriniens (cancers hormonodépendants comme le cancer du sein, le cancer de l'utérus), défaillances immunitaires congénitales ou acquises (infections anergisantes comme le sida...).

Dans le tableau ci-après sont rassemblés les facteurs exogènes et leurs conséquences possibles.

	FACTEURS CANCÉRIGÈNES	LOCALISATIONS LES PLUS FRÉQUENTES DU CANCER		FACTEURS CANCÉRIGÈNES	LOCALISATIONS LES PLUS FRÉQUENTES DU CANCER
AGENTS CHIMIQUES	• Certains hydrocarbures présents dans la fumée de tabac et les goudrons. • Amiante (responsable de l'asbestose, maladie professionnelle). • Amines aromatiques (teintures). • Alcool surtout associé au tabac.	bronches, larynx, pharynx œsophage, cavité buccale, côlon, vessie bronches vessie, bronches œsophage, vessie	AGENTS INFECTIEUX	Virus : • de l'hépatite B et C • certains papilloma virus	foie col de l'utérus, rectum
AGENTS PHYSIQUES	Rayons ultra-violets Rayons X Radioactivité	peau peau, organes hématopoïétiques organes hématopoïétiques, thyroïde	FACTEURS NUTRITIONNELS	• Apports énergétiques, lipidiques, protidiques excessifs et apports en fibres végétales et en micronutriments insuffisants • Colorants	côlon, rectum vessie

4.3. Mesures de prévention primaire utilisables :

• **informer** et **éduquer** très tôt la population afin que les facteurs carcinogènes soient bien connus et donc éliminés dans la mesure du possible : ne pas fumer (prévention du cancer des bronches), ne pas abuser d'alcool (prévention du cancer des voies ADS), éviter l'exposition exagérée au soleil (prévention du cancer de la peau), éviter la suralimentation (prévention du cancer du côlon, du cancer du rectum...), se faire vacciner contre l'hépatite B (prévention du cancer du foie), éviter les MST et le sida par l'utilisation de préservatifs (prévention de divers cancers)...

• **surveiller** les risques professionnels (aération, port de masque...) et **éviter** que les travailleurs soient exposés à ces risques (rôle des médecins du travail pour le dépistage) ;

• **traiter** le plus tôt possible toute lésion suspecte (ex. : ablation des polypes colorectaux, des condylomes...).

4.4. • Moyens classiques de traitement des tumeurs malignes : élimination des cellules cancéreuses principalement par la chirurgie et/ou la chimiothérapie (antimitotiques, cytolytiques) et/ou la radiothérapie (radiothérapie transcutanée, métabolique et curiethérapie), parfois par la thermothérapie ou hyperthermie, ou encore par le laser.

• Autres traitements utilisables encore en cours d'évaluation :

– immunothérapie (interférons, interleukines...) pour stimuler les défenses de l'organisme et faciliter le rejet (la destruction) des cellules cancéreuses ;

– apport d'une substance dans la tumeur, au moyen d'un vecteur inoffensif, afin de la rendre accessible à un traitement classique ;

– apport de l'anti-oncogène manquant, apport d'un gène produisant une substance nocive pour les cellules cancéreuses : c'est la thérapie génique, méthode de l'avenir.

5.1. Le cancer du col de l'utérus est une tumeur maligne ; c'est un épithélioma développé au niveau de l'exocol et/ou de l'endocol de l'utérus.

5.2. • Les principaux facteurs favorisant ce cancer sont :
– les infections chroniques (cervicites récidivantes) responsables de lésions précancéreuses du col de l'utérus (ex. : infections dues aux chlamydiæ, aux papilloma virus, au VIH…) favorisées par le manque d'hygiène et les partenaires multiples ; les condylomes sont des lésions précancéreuses ;
– les traumatismes répétés sur la muqueuse génitale encore fragile avant 18 ans (ex. : rapports sexuels fréquents trop précoces, accouchements rapprochés et/ou trop précoces) ;
– une prédisposition génétique (ex. : antécédents familiaux de cancers génitaux) ;
– le tabagisme.

• Les moyens de prévention primaire :
– informer le plus tôt possible les filles sur les facteurs de risque énoncés ci-dessus et sur les moyens de les éviter : utilisation de préservatifs, suppression du tabac ;
– traiter très rapidement toute infection et toute lésion évoquant une lésion précancéreuse, donc inciter toutes les femmes à avoir un suivi gynécologique régulier, et prévoir une surveillance particulière des femmes ayant des antécédents familiaux de cancers génitaux : examen clinique et frottis cervicovaginaux (ou biopsies du col) une fois par an au moins.

5.3. Le cancer du col de l'utérus peut être longtemps asymptomatique. Les signes cliniques sont révélés à l'interrogatoire, premier temps de l'examen clinique :
– le plus souvent il s'agit d'une femme relativement jeune ;
– le signe d'alarme correspond à des métrorragies spontanées ou provoquées par les rapports sexuels parfois précédées ou accompagnées de leucorrhées ;
– les signes d'extension sont une dysurie (par atteinte ou compression de la vessie), des ménométrorragies, des douleurs pelviennes et lombaires intermittentes, plus rarement des troubles du transit intestinal par compression du côlon ;
– les signes de gravité sont une atteinte de l'état général (asthénie, anorexie, amaigrissement) et des douleurs pelviennes et osseuses, parfois permanentes, dues aux métastases. À l'examen médical, le médecin peut découvrir par toucher vaginal et par colposcopie un col bourgeonnant, saignant lors du toucher.
Lorsque la lésion est plus évoluée, le médecin peut constater une diminution de la mobilité utérine, une augmentation de volume de l'utérus lors du toucher vaginal associé au palper abdominal ; des adénomégalies inguinales peuvent aussi être palpées.

5.4. Le traitement est soit curatif (espoir de guérison), soit palliatif.
• Le traitement curatif peut utiliser :
– la chirurgie seule : soit limitée si le cancer est découvert au stade *in situ* et si la femme est jeune (conisation, amputation du col), soit plus étendue (hystérectomie) ;
– la chirurgie associée à un traitement complémentaire par radiothérapie : hystérectomie simple ou, dans le cas de cancer invasif, hystérectomie élargie, c'est-à-dire

colpohystérectomie et lymphadénectomie avec curiethérapie locale ou radiothérapie transcutanée.

• Le traitement palliatif consiste, après ablation de la lésion sans espoir de guérison, à pratiquer une radiothérapie abdominale pour diminuer l'inflammation des organes voisins, et/ou un traitement chirugical des métastases osseuses ; le traitement des douleurs (par des antalgiques puissants) et de l'état nutritionnel (par nutrition artificielle parfois) est réalisé à la demande.

6. Mme S. a été traitée pour un cancer ovarien par chirurgie associée à une chimiothérapie anticancéreuse par voie générale, ce qui a permis une rémission complète prouvée par laparoscopie en février. Cinq mois après l'arrêt du traitement, en juin, survient une variation isolée, progressivement croissante, des concentrations de CA 125. Les bilans cliniques et paracliniques ne révèlent pourtant aucune autre anomalie. L'augmentation du marqueur tumoral est le seul indice péjoratif observé de juin à octobre. Son augmentation régulière et importante conduit à la réalisation d'une laparotomie exploratrice qui confirme la récidive du cancer.
Cette observation illustre l'intérêt des marqueurs tumoraux pour la détection précoce d'une récidive du processus tumoral.

A

a : absence de (privatif)
an : absence de (privatif)
acou : entendre
acro : extrémités
actin(o) : rayons solaires
ad : rapprochement
adén(o) : ganglion lymphatique mais aussi glande
adip(o) : graisse
aér(o) : air
agora : place
alg(o) : douleur
all(o) : autre
ambul(o) : se déplacer
ana : contraire de mais aussi autour de
andr(o) : homme
angéi(o) : vaisseau
angi(o) : vaisseau
ante : avant
anthrop(o) : homme
anti : contre
arthr(o) : articulation
audi(o) : audition
aut(o) : de soi-même
azot(o) : azote mais aussi urée

B

balné(o) : bain
bar(o) : pression
bi : deux
bi(o) : vie, vivant
blast(o) : immature
bléphar(o) : paupière
bol(o) : jeter
brach(i) : bras
brach(y) : court
brad(y) : lent
bucc(o) : bouche
burs(o) : bourse

C

calc(i) : calcium
capnie : gaz carbonique
carcin(o) : cancer
cancér(o) : cancer
cardi(o) : cœur
cary(o) : noyau
cata : tomber, dégradation
cèle : hernie ou tumeur liquidienne
centèse : ponctionner
céphal(o) : tête
cervic(o) : région du cou mais aussi col (de l'utérus)
chir(o) : main
chlor(o) : vert – chlorure
cholé : bile
chondr(o) : cartilage
chrom(o) : couleur
chromat(o) : couleur
cide : tuer
ciné = **kiné** : mouvements
cœli(o) : ventre
col(o) : côlon
collaps(o) : affaissement
colp(o) : vagin
coni(o) : poussière
copr(o) : matières fécales
coque : cocci
cordi(o) : cœur
cortic(o) : partie périphérique
cox(o) : hanche
crani(o) : crâne
crén(o) : source
crin(o) : sécréter
cry(o) : froid
crypt(o) : caché
cut(i) : peau
cutané(o) : peau
cyan(o) : bleu
cyst(o) : réservoir
cyt(o) : cellule

D

dacry(o) : larme
dactyl(o) : doigt
derm(o) : derme, peau
duodén(o) : duodénum, première partie de l'intestin grêle
di, bi, dipl(o) : deux
dia : à travers
dips(o) : soif
dis : hors de
disc(o) : disque
dolich(o) : long
dys : difficulté

E

ectasie : dilatation
ectomie : enlever, exérèse
émét(o) : vomir
émie : sang
end(o) : à l'intérieur
entér(o) : intestin grêle
épi : au-dessus
épisi(o) : vulve
erg(o) : travail
érythr(o) : rouge
esthésie : sensibilité
éthyl(o) : alcool éthylique
étio : cause
eu : très bien
ex(o) : en dehors
expect(o) : crachat

F

fébr(i) : fièvre
fong(i) : champignon

G

galact(o) : lait
gastr(o) : estomac
gén(o) : relatif aux gènes – qui engendre
géront(o) : vieillard
gingiv(o) : gencive
gloss(o) : langue
glyc(o) : glucose
gnosie : connaissance
gon(o) : genou
granul(o) : grain
gramme : écrit
graph(o) : écrit
gravid(o) : relatif à la grossesse
gynéc(o) : femme
gyr(o) : tourner

H

hémat(o) : sang
hémi : demi
hém(o) : sang
hépat(o) : foie
hétér(o) : différent
hist(o) : tissu
hom(o), homé(o) : même
hyper : trop
hypn(o) : sommeil
hyp(o) : pas assez
hystér(o) : utérus

I

iatr(o) : médecin
ilé(o) : iléon, dernière partie de l'intestin grêle
in ou **im** : négation mais aussi dans
infra : au-dessous
inter : entre
intra : dans
isch(o) : arrêt, réduire
iso : même
ite : inflammation

J

jéjun(o) : jéjunum (fait suite au duodénum

K

kal(i) : potassium
kérat(o) : cornée
kiné : mouvements

L

lapar(o) : abdomen
leptique : du grec leptia = « prise, inhibition »
leuc(o) : blanc
lexie : lecture
lipo, lipid(o) : graisse
listhésis : glissement
lith(o) : pierre
log(o) : parler ou étude de
lyse : dissolution, destruction

M

macr(o) : grand
macul(o) : tache
malacie : ramollissement
mast(o) = mamm(o) : sein
médull(o) : moelle
mégal(o) : très grand
mélan(o) : noir
mén(o) : mois
menstr : mois
métr(o) : utérus
métrie : mesure
micr(o) : très petit
mimét(o) : qui imite, simulation
mném(o) : mémoire
mon(o) : un
morph(o) : forme
multi : plusieurs
myc(o) : champignons
myél(o) : moelle
my(o) : muscle

N

narc(o) : sommeil
nas(o) : nez
natr(o) : sodium
nécr(o) : mort
né(o) : nouveau
néphr(o) : rein
neur(o) : nerf
névr(o) : nerf, maladies « nerveuses »
nuclé(o) : noyau
nyct- : nuit

O

odont(o) : dent
odyn(o) : douleur
oïde : qui a la forme de, l'aspect de
ole : petit
olfact(o) : odorat
olig(o) : peu
ome : grosseur mais aussi prolifération cellulaire, tumeur
omphal(o) : ombilic
onir(o) : rêve
onych(o) : ongle
ophtalm(o) : œil
opo : suc
opsie : vue
orch(i) : testicule
orexie : appétit
orth(o) : droit
osté(o) : os
ose : état chronique ou état de
osm(o) : odorat
ot(o) : oreille
ovari(o) : ovaire

P

pan : tout
papul(o) : élevure
para : à côté mais aussi à travers

pare : «porter», enfanter
path(o) : maladie
péd(o) : enfant
pelv(i) : bassin
pénie : peu
peps-, pept- : digestion
per : à travers
péri : autour
pexie : fixer
phag(o) : manger
pharmac(o) : médicament
phasie : parole
phén(o) : apparence
phile : qui aime
phléb(o) : veine
phlog(o) : inflammation
phobe : qui n'aime pas
phob(o) : crainte de
phon(o) : voix
phot(o) : lumière
phrén(o) : esprit mais aussi relatif au diaphragme
phylaxie : protection
phyt(o) : plante
plasie : développement
plastie : refaire
plégie : paralysie
pleur(o) : plèvre
pnée : respiration
pneum(o) : air, poumon
poïé : fabriquer
poli(o) : gris
pollaki : souvent
poly : plusieurs ou trop
post : après
pré : avant
prim(o) : premier
pro : avant
proct(o) : anus
psych(o) : esprit
ptyal(o) : salive
puer : enfant
pyél(o) : bassinet
py(o) : pus
pyr(o) = pyrét(o) : feu mais aussi fièvre

Q

quadri = tétra : quatre

R

rachi : colonne vertébrale
radicul(o) : racine d'un nerf
radi(o) : rayons
rect(o) : rectum
rétro : en arrière
rhin(o) : nez
rragie : jaillissement
rraphie : suture
rrhée : écoulement

S

sacr(o) : sacrum
salping(o) : trompe
schiz(o) : rupture
sclér(o) : dur
scopie : regarder
séméi(o) ou **sémi(o)** : signes
septic(o) : infecté
sér(o) : sérum
sidér(o) : fer
somat(o) : corps humain
sphygm(o) : pouls
spir(o) : respiration
splén(o) : rate
spondyl(o) : vertèbre
stase : arrêt
statique : qui arrête
stéat(o) : graisse
stén(o) : rétrécissement
sthénie : force
stéré(o) : relief
stomat(o) : bouche
stomie : aboucher
sub : presque
sudor(o) : sueur
syn : **sym** : ensemble
synthèse : fusion

T

tachy : rapide
télé : loin
térat(o) : monstre
therm(o) : chaleur
threps(o) : nutrition
thromb(o) : caillot
toc(o) : accouchement
tomo : plan, coupe
tomie : incision
ton(o) : tension, tonus
top(o) : lieu
toxic(o) : poison
trich(o) : poil
trope : affinité pour
troph(o) : nutrition

U

ule : petit
ultra : au-delà
ungu(é) : ongle
urat(o) : sel d'acide urique
ur(o) : urine
uric(o) : acide urique
urie : urine

V

vaginal : vagin mais aussi séreuse des bourses
vag(o) : nerf vague
vas(o) : vaisseau
vascul(o) : vaisseau
vésic(o) : vessie
vésicul(o) : petite vessie, petite ampoule

X

xanth(o) : jaune

Z

zoo : animal
zoster : zona
zygote : couple, œuf
zym(o) : levain, enzyme

59

LES ÉDITIONS FOUCHER – 31, RUE DE FLEURUS – 75006 PARIS – N° 13152 – MARS 99 – 02 MCS/FA
COMPOSITION – CTP : MADELEINE RACIMOR – PARIS

NORMANDIE ROTO IMPRESSION SA 61250 LONRAI – N° D'IMPRESSION 992148